全国统一市政工程预算定额与工程量清单计价应用系列手册

给水工程预算定额与工程量清单计价应用手册

栋梁工作室　编

中国建筑工业出版社

图书在版编目（CIP）数据

给水工程预算定额与工程量清单计价应用手册/栋梁工作室编．—北京：中国建筑工业出版社，2004
（全国统一市政工程预算定额与工程量清单计价应用系列手册）
ISBN 7-112-06471-6

Ⅰ．给…　Ⅱ．栋…　Ⅲ．①给水工程—预算定额—手册②给水工程—工程造价—手册　Ⅳ．TU991．0-62

中国版本图书馆 CIP 数据核字（2004）第 056224 号

全国统一市政工程预算定额与工程量清单计价应用系列手册
给水工程预算定额与工程量清单计价应用手册
栋梁工作室　编

*

中国建筑工业出版社出版、发行（北京西郊百万庄）
新　华　书　店　经　销
北京蓝海印刷有限公司印刷

*

开本：787×1092 毫米　1/16　印张：$12^1/_2$　字数：308 千字
2004 年 8 月第一版　2005 年 1 月第二次印刷
印数：3501-6000 册　定价：**18.00** 元
ISBN 7-112-06471-6
F·556（12485）

（邮政编码　100037）
本社网址：http：//www.china-abp.com.cn
网上书店：http：//www.china-building.com.cn

本手册内容分三部分。第一部分介绍给水工程常用图例及符号；第二部分介绍给水工程说明应用释义、工程量计算规则应用释义、定额应用释义以及定额交底资料、工程预算定额问答；第三部分介绍给水工程定额预算（含工程量计算、定额使用以及分项工程预算的编制）与工程量清单计价编制实例及对照应用实例。全书取材精炼，内容翔实，实用性强。可供市政工程预算人员、审计人员、有关技术人员以及将要从事预算工作的在校师生使用，对建设单位、资产评估部门、施工企业的各级经济管理人员都有非常大的使用价值。

* * *

责任编辑：时咏梅　张礼庆

责任设计：崔兰萍

责任校对：王金珠

主　编　栋梁工作室

参　编　胡　琼　马文杰　颜　琴　刘　霞
田　丹　刘　俊　李马俊　王　敏
赵莎莎　刘芳琴　詹爱君　田　甜
吴倩怡　丰　燕　黄立文　胡　兵
李晓晓　柳　柳　别艳高　曾　丽
苛　菁　胡亚迪　胡　达　周立强
编耀东　敖孝亮　邱　晶　何　雄

前 言

为了方便市政工程预算工作者执行《全国统一市政工程预算定额》（第五册给水工程GYD—305—1999）及《建筑工程工程量清单计价规范》（GB 50500—2003）附录D中市政工程工程量清单及计算规则D.5市政管网工程，提高定额预算与工程量清单计价的编制质量和工作效率，现根据各市政定额专业的特点，并结合广大市政工程预算人员在实际工作中的需要，编写了《给水工程预算定额与工程量清单计价应用手册》，供大家参考使用。

本书严格按照《全国统一市政工程预算定额》的实际操作体系，针对定额中的说明及工程量计算规则，定额所列分步分项工程，定额中的人工、材料、机械项目，进行了全面细致的应用分析和释义。另外，为了帮助从事市政工程预算工作者提高实际操作的动手能力，解决工作中遇到的实际问题，本书特编写了与市政工程预算工作有关的各种图例、符号以及定额预算与工程量清单计价编制实例及对照应用实例。

本书编写力求实现以下宗旨：

一、求"实"，即一切从预算工作者实际操作的需要出发，一切为预算员着想。在编写过程中，我们一直设身处地把自己看成实际操作者，实际操作需要什么，我们就编写什么，总结释义，力求解决问题。

二、求"新"，即一切以建设部最新颁布的《全国统一市政工程预算定额》（第五册给水工程GYD—305—1999）及《建设工程工程量清单计价规范》（GB 50500—2003）为主绳，把握本定额最新动向，对定额中出现的新情况、新问题加以剖析，开拓实际工作者的新思路，使预算工作者能及时了解实际操作过程中定额的最新发展情况。

三、求"全"，即将市政工程预算领域涉及到的设计、施工组织管理的最新技术、方法与实际操作动手能力的需要很系统地结合起来，为《全国统一市政工程预算定额》（第五册给水工程GYD—305—1999）及《建设工程工程量清单计价规范》（GB 50500—2003）的编制说明、工程量计算规则、定额分部分项工程及定额项目的人工、材料、机械的释义服务。

本系列手册在编写过程中，得到国内许多同行的大力协助。同时，参考了国内大量的相关文献，在此一并致谢！由于时间仓促，作者水平有限，本书难免有疏忽、遗漏、不妥之处，敬请读者批评指正。

编者

目　录

第一部分　常用图例及符号

第二部分　定　额　应　用

第一部分

常用图例及符号

管道图例 **表 1-1**

序号	名 称	图 例	备 注
1	生活给水管	—— J ——	
2	热水给水管	—— RJ ——	
3	热水回水管	—— RH ——	
4	中水给水管	—— ZJ ——	
5	循环给水管	—— XJ ——	
6	循环回水管	—— XH ——	
7	热媒给水管	—— RM ——	
8	热媒回水管	—— RMH ——	
9	蒸汽管	—— Z ——	
10	凝结水管	—— N ——	
11	废水管	—— F ——	可与中水源水管合用
12	压力废水管	—— YF ——	

续表

序号	名　称	图　例	备　注
13	通气管	—— T ——	
14	污水管	—— W ——	
15	压力污水管	—— YW ——	
16	雨水管	—— Y ——	
17	压力雨水管	—— YY ——	
18	膨胀管	—— PZ ——	
19	保温管		
20	多孔管		
21	地沟管		
22	防护套管		
23	管道立管	XL-1 平面　XL-1 系统	X：管道类别 L：立管 1：编号
24	伴热管		
25	空调凝结水管	—— KN ——	

注：分区管道用加注角标方式表示：如 J_1、J_2、RJ_1、RJ_2……。

管道附件　**表 1-2**

序号	名　　称	图　　例	备　　注
1	套管伸缩器		
2	方形伸缩器		
3	刚性防水套管		
4	柔性防水套管		
5	波纹管		
6	可曲挠橡胶接头		
7	管道固定支架		
8	管道滑动支架		
9	立管检查口		
10	清扫口	平面　系统	
11	通气帽	成品　铅丝球	
12	雨水斗	YD 平面　YD- 系统	

续表

序号	名　　称	图　　例	备　　注
13	圆形地漏		通用。如为无水封，地漏应加存水弯
14	方形地漏		
15	自动冲洗水箱		
16	挡墩		
17	减压孔板		
18	Y形除污器		
19	毛发聚集器	平面　系统	
20	防回流污染止回阀		
21	吸气阀		

管　道　连　接　　表 1-3

序号	名　　称	图　　例	备　　注
1	法兰连接		
2	承插连接		
3	活接头		
4	管堵		

续表

序号	名　称	图　例	备　注
5	法兰堵盖		
6	弯折管		表示管道向后及向下弯转 90°
7	三通连接		
8	四通连接		
9	盲板		
10	管道丁字上接		
11	管道丁字下接		
12	管道交叉		在下方和后面的管道应断开

管　件 **表 1-4**

序号	名　称	图　例	备　注
1	偏心异径管		
2	异径管		
3	乙字管		

续表

序号	名称	图例	备注
4	喇叭口	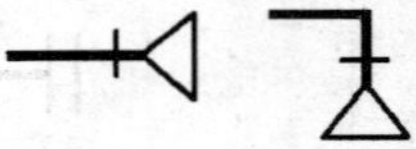	
5	转动接头	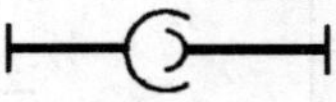	
6	短管		
7	存水弯	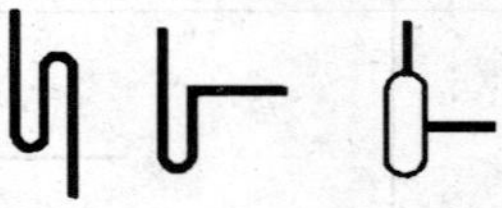	
8	弯头		
9	正三通		
10	斜三通		
11	正四通		
12	斜四通	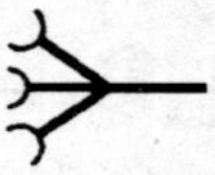	

阀 门 **表 1-5**

序号	名称	图例	备注
1	闸阀		
2	角阀		
3	三通阀		

续表

序号	名　称	图　例	备　注
4	四通阀	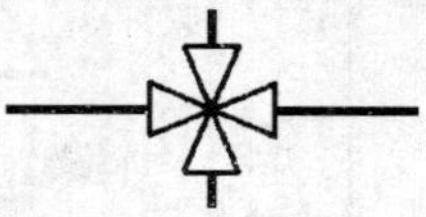	
5	截止阀	 $DN\geqslant50$　$DN<50$	
6	电动阀		
7	液动阀		
8	气动阀		
9	减压阀		左侧为高压端
10	旋塞阀	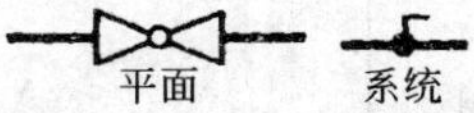 平面　系统	
11	底阀	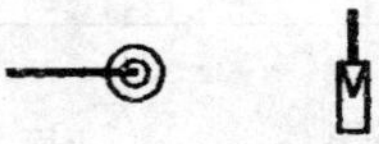	
12	球阀		
13	隔膜阀		
14	气开隔膜阀		
15	气闭隔膜阀		
16	温度调节阀	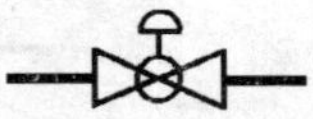	

续表

序号	名　称	图　例	备　注
17	压力调节阀		
18	电磁阀	M	
19	止回阀		
20	消声止回阀		
21	蝶阀		
22	弹簧安全阀		左为通用
23	平衡锤安全阀		
24	自动排气阀	平面　系统	
25	浮球阀	平面　系统	
26	延时自闭冲洗阀		
27	吸水喇叭口	平面　系统	
28	疏水器		

给 水 配 件 表1-6

序号	名 称	图 例	备 注
1	放水龙头		左侧为平面，右侧为系统
2	皮带龙头		左侧为平面，右侧为系统
3	洒水（栓）龙头		
4	化验龙头		
5	肘式龙头		
6	脚踏开关		
7	混合水龙头		
8	旋转水龙头		
9	浴盆带喷头混合水龙头		

消 防 设 施 表1-7

序号	名 称	图 例	备 注
1	消火栓给水管	XH	XH为消火栓给水管代号①
2	自动喷水灭火给水管	ZP	ZP为自动喷水灭火给水管代号①
3	室外消火栓		

续表

序号	名　　称	图　　例	备　　注
4	室内消火栓（单口）	平面　系统	白色为开启面
5	室内消火栓（双口）	平面　系统	
6	水泵接合器		
7	自动喷洒头（开式）	平面　系统	
8	自动喷洒头（闭式）	平面　系统	下喷
9	自动喷洒头（开式）	平面　系统	上喷
10	自动喷洒头（闭式）	平面　系统	上下喷
11	侧墙式自动喷洒头	平面　系统	
12	侧喷式喷洒头	平面　系统	
13	雨淋灭火给水管	—— YL ——	
14	水幕灭火给水管	—— SM ——	
15	水炮灭火给水管	—— SP ——	
16	干式报警阀	平面　系统	

续表

序号	名称	图例	备注
17	水炮		
18	湿式报警阀	平面 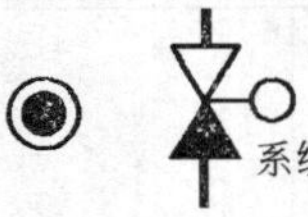 系统	
19	预作用报警阀	平面 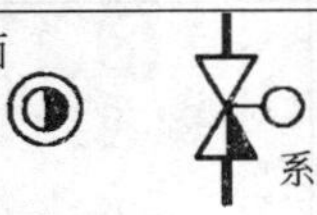 系统	
20	遥控信号阀		
21	水流指示器	 L	
22	水力警铃		
23	雨淋阀	平面 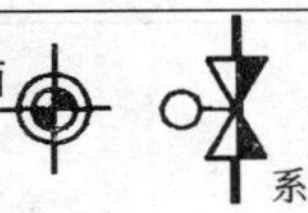 系统	
24	末端测试阀	平面 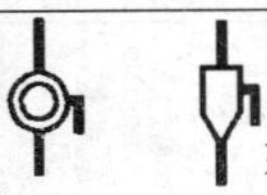 系统	
25	手提式灭火器		
26	推车式灭火器		

①分区管道用加注角标方式表示：如 XH_1、XH_2、ZP_1、ZP_2……。

卫生设备及水池 **表 1-8**

序号	名称	图例	备注
1	立式洗脸盆		
2	台式洗脸盆		

续表

序号	名　称	图　例	备　注
3	挂式洗脸盆		
4	浴　盆	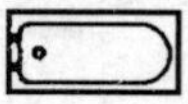	
5	化验盆、洗涤盆	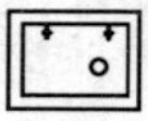	
6	带沥水板洗涤盆		不锈钢制品
7	盥洗槽	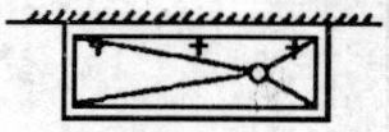	
8	污水池		
9	妇女卫生盆		
10	立式小便器		
11	壁挂式小便器		
12	蹲式大便器	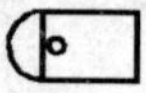	
13	坐式大便器		
14	小便槽	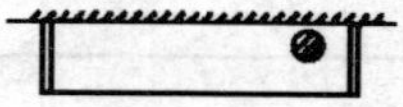	
15	淋浴喷头	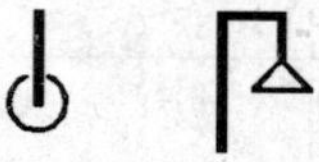	

小型给水排水构筑物 表 1-9

序号	名 称	图 例	备 注
1	矩形化粪池	HC	HC 为化粪池代号
2	圆形化粪池	HC	
3	除油池	YC	YC 为除油池代号
4	沉淀池	CC	CC 为沉淀池代号
5	降温池	JC	JC 为降温池代号
6	中和池	ZC	ZC 为中和池代号
7	雨水口		单口
			双口
8	阀门井、检查井		
9	水封井		
10	跌水井		
11	水表井		

给水排水设备 表 1-10

序号	名 称	图 例	备 注
1	水泵	平面 系统	

续表

序号	名　称	图　例	备　注
2	潜水泵		
3	定量泵		
4	管道泵		
5	卧式热交换器		
6	立式热交换器		
7	快速管式热交换器		
8	开水器		
9	喷射器		小三角为进水端
10	除垢器		
11	水锤消除器		
12	浮球液位器		
13	搅拌器		

仪　表　　表 1-11

序号	名　称	图　例	备　注
1	温度计		
2	压力表		
3	自动记录压力表		
4	压力控制器		
5	水表		
6	自动记录流量计		
7	转子流量计		
8	真空表		
9	温度传感器	T	
10	压力传感器	P	
11	pH 值传感器	pH	
12	酸传感器	H	
13	碱传感器	Na	
14	余氯传感器	Cl	

水管零件（配件） 表 1-12

编号	名称	符号	编号	名称	符号
1	承插直管		17	承口法兰缩管	
2	法兰直管		18	双承缩管	
3	三法兰三通		19	承口法兰短管	
4	三承三通		20	法兰插口短管	
5	双承法兰三通		21	双承口短管	
6	法兰四通		22	双承套管	
7	四承四通		23	马鞍法兰	
8	双承双法兰四通		24	活络接头	
9	法兰泄水管		25	法兰式墙管（甲）	
10	承口泄水管		26	承式墙管（甲）	
11	90°法兰弯管		27	喇叭口	
12	90°双承弯管		28	闷头	
13	90°承插弯管		29	塞头	
14	双承弯管		30	法兰式消火栓用弯管	
15	承插弯管		31	法兰式消火栓用丁字管	
16	法兰缩管		32	法兰式消火栓用十字管	

铸铁管件（一）　表 1-13

管件名称	管件形式	图　示
三承丁字管	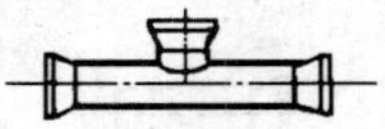	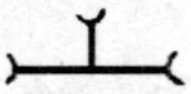
三盘丁字管	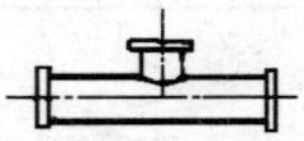	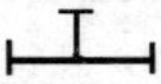
双承一插丁字管	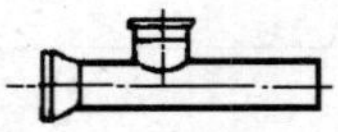	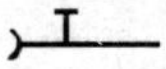
双盘一插丁字管	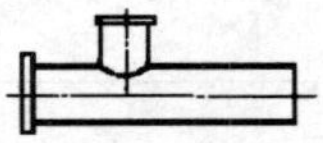	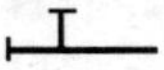
双承一盘丁字管	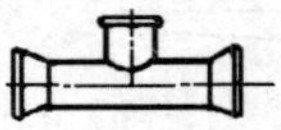	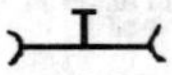
双盘一承丁字管	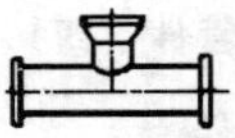	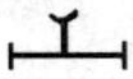

铸铁管件（二）　表 1-14

管件名称	管件形式	图　示
承插弯管	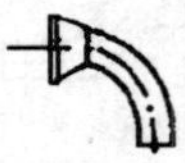	
盘插弯管		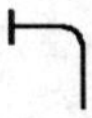
双盘弯管		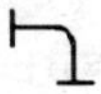
双承弯管		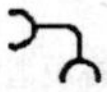
带座双盘弯管		

铸铁管件（三） 表 1-15

管件名称	管件形式	图示
承插渐缩管	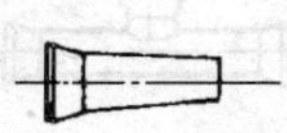	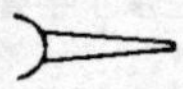
插承渐缩管		
双承渐缩管	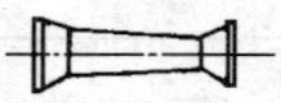	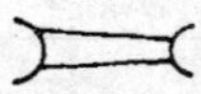
双插渐缩管	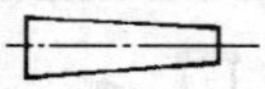	

铸铁管件（四） 表 1-16

管件名称	管件形式	图示
双承套管	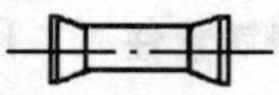	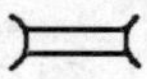
承插乙字管		
承盘短管	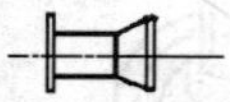	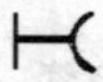
插盘短管		
承盘渐缩短管	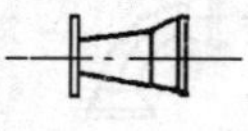	
插盘渐缩短管	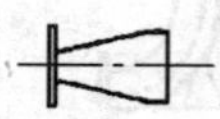	

铸铁管件（五）　表 1-17

管件名称	管件形式	图示
双承一插泄水管	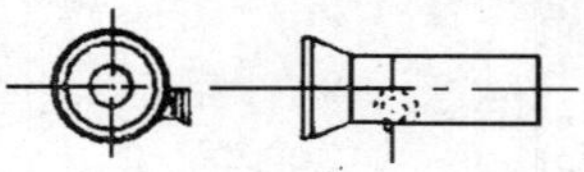	
三承泄水管	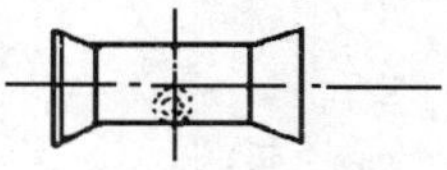	
带人孔承插存渣管	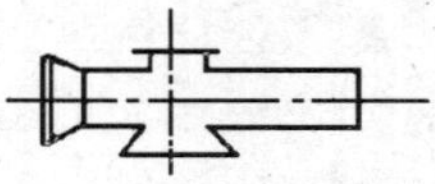	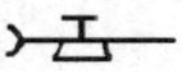
不带人孔双平存渣管	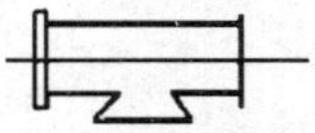	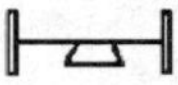

铸铁管件（六）　表 1-18

管件名称	管件形式	图示
承堵（塞头）	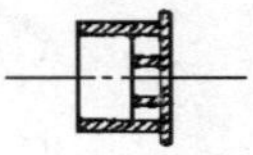	
插堵（帽头）		

铸铁管件（七）　表 1-19

管件名称	管件形式	图示
带盘管鞍		
带内螺纹管鞍		
三承套管三通	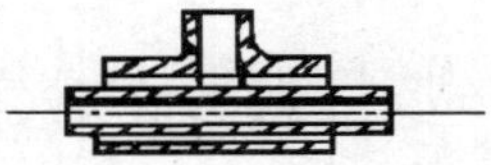	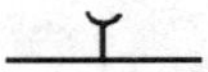
双承一盘套管三通	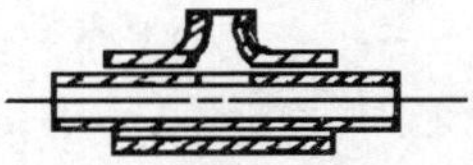	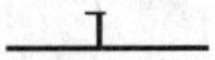

第二部分

定　额　应　用

第一分部　应用释义

第一章　管　道　安　装

第一节　说明应用释义

一、本章定额内容包括铸铁管、混凝土管、塑料管安装，铸铁管及钢管新旧管连接、管道试压、消毒冲洗。

［**应用释义**］　铸铁管安装：铸铁管是给水管网及输水管道最常用的管材。它抗腐蚀性好、经久耐用、价格较钢管低，缺点是质脆、不耐振动和弯折、工作压力较钢管低、管壁较钢管厚，且自重较大。给水铸铁管按材质分为灰铸铁管（普通铸铁管）和球墨铸铁管。在灰铸铁管中，碳全部（或大部分）未与铁呈化合物状态，而是呈游离状态的片状石墨；而在球墨铸铁管中，碳大部分呈球状石墨存在于铸铁中，使之具有优良的机械性能，故又可称为可延性铸铁管。

1. 灰铸铁管：给水管道中常用的一种管材，与钢管比较，其价格较低、制造方便、耐腐蚀性较好，但质脆、自重大。管径以公称直径表示，其规格为 $DN75 \sim DN1500$，有效长度（单节）为 4m、5m、6m。铸铁管的接口基本上可分为承插式和法兰式，不同形式接口其安装方式又各不相同：①青铅接口承插铸铁管安装工作内容包括检查及清扫管材、切管、管道安装、化铅、打麻、打铅口。②石棉水泥接口承插铸铁管安装工作内容包括检查及清扫管材、切管、管道安装、调制接口材料、接口、养护。③膨胀水泥接口承插铸铁管安装工作内容包括检查及清扫管材、切管、管道安装、调制接口材料、接口、养护。④胶圈接口承插铸铁管安装工作内容包括检查及清扫管材、切管、管道安装、上胶圈。

2. 球墨铸铁管：以镁或稀土镁合金球化剂在浇铸前加入铁水中，使石墨球化，同时加入一定量的硅铁或硅钙合金作孕育剂，以促进石墨球化。石墨呈球状时，对铸铁基本的破坏程度减轻，应力集中亦大大降低，因此它具有较高的强度与延伸率。球墨铸铁管采取胶圈接口，其与 T 形推入式接口工具配套，操作简便、快速，适用于 $DN80 \sim DN2000$ 的输水管道，在国内外输水工程中广泛采用。工作内容包括检查及清扫管材、切管、管道安装、上胶圈。

钢管：分为焊接钢管和无缝钢管两种。焊接钢管又分直缝钢管和螺旋卷焊钢管。钢管的优点是强度高、耐振动、重量轻、长度大、接头少和加工接口方便等；缺点是易生锈、不耐腐蚀、内外防腐处理费用大、价格高等，所以通常只在管径过大，水压过高以及穿越铁路、河谷和地震地区使用。

普通钢管的工作压力不超过1.0MPa；加强钢管的工作压力可达到1.5MPa，高压管可用无缝钢管，室外给水用的钢管管径为100～2200mm或更大，长4～10m。钢管一般采用焊接或法兰接口，小管径可用丝扣连接。

混凝土管安装：

1. 预应力钢筋混凝土管最大工作压力1.8MPa，管径一般为400～3000mm，管节管长为5m。成本低且耐腐蚀性远优于金属管材。国内圆形预应力钢筋混凝土管采用纵向与环向都有预应力钢筋的双向预应力钢筋混凝土管，具有良好的抗裂性能。接口形式为承插式胶圈接口。

2. 自应力钢筋混凝土管的工作压力为0.4～1.2MPa，管径一般为100～800mm，亦采用承插式胶圈接口形式。自应力和预应力钢筋混凝土管均具有抗渗性和耐久性良好、施工安装方便、水力条件好等优点，但自应力钢筋混凝土管自重大、质脆，所以在搬运时严禁抛掷和碰撞。安装工作内容包括检查及清扫管材、管道安装、上胶圈、对口、调直、牵引。

塑料管安装：塑料管分玻璃钢/聚氯乙烯（FRP/PVC）复合管、高密度聚乙烯（HDPE）管、聚氯乙烯管（PVC）等，给水工程常用硬聚氯乙烯管（UPVC）和高密度聚乙烯（HDPE）管。塑料管具有表面光滑、耐腐蚀、重量轻、管内壁光滑、流体阻力小、使用寿命长、加工和接头方便等优点。

管材必须有合格证书，且批量、批号相符，管的外形及尺寸偏差应符合现行国家标准。给水用塑料管除具有产品合格证外，还应有产品说明，标明用途、国家标准，并附卫生性能、物理力学性能检测报告等技术文件。塑料管表面应光滑，不允许有擦伤、断裂和变形现象，不允许有裂纹、气泡、脱皮和严重的冷斑、明显的杂质以及色泽不匀、分解变质的缺陷。管材的承插口的工作面，必须表面平整、尺寸准确。

铸铁管及钢管新旧管连接：在管道的安装过程中由于管材、管径不同，其连接方式亦不同。焊接管常采用螺纹焊接及法兰连接。在施工中，应按照设计及不同的工艺要求选用合适的连接方式。

1. 钢管螺纹连接：又称丝口连接，对于带有螺纹的阀件和设备常采用螺纹连接，优点是拆卸安装方便。管螺纹的连接有圆柱形管螺纹与圆柱形管螺纹连接（柱接柱）、圆锥形螺纹与圆柱形内螺纹连接（锥接柱）、圆锥形外螺纹与圆锥形内螺纹连接（锥接锥）。

2. 钢管焊接：方法有手工电弧焊、气焊、手工氩弧焊、埋弧自动焊、埋弧半自动焊、接触焊和气压焊等。焊接时，应进行管子对口，使两管中心线在一条直线上，亦就是被施焊的两个管口必须对准。允许的错口量如图2-1，不得超过表2-1中的规定。对口时，两管端的间隙（如图2-2）应在允许范围内（表2-1）。

管子焊接允许错口量、间隙值　　表2-1

管壁厚 s（mm）	4～6	7～9	≥10
允许错口量 δ（mm）	0.4～0.6	0.7～0.8	0.9
间隙值 a（mm）	1.5	2	2.5

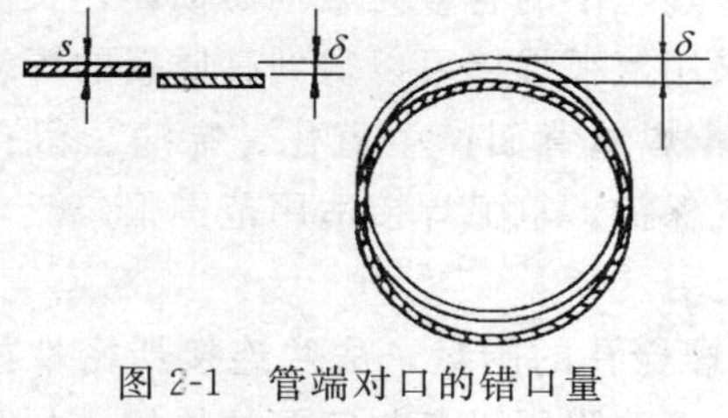

图 2-1　管端对口的错口量
s—管壁厚；δ—错口量

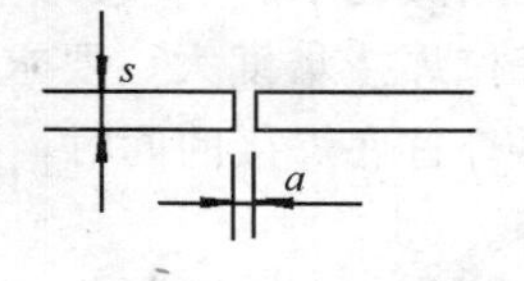

图 2-2　两管口间的缝隙
s—管壁厚（mm）；a—间隙值（mm）

（1）电焊：分为自动焊接和手工电弧焊两种方式。大直径管及钢制给水容器采用自动焊，既节省劳动力又可提高焊接质量和速度。①电焊机：由变压器、电流调节器或振荡器等部件组成。各部件作用：变压器，当电源的电压为 220V 或 380V 时经变压器后输出安全电压 55～65V（点火电压），供焊接使用；电流调节器，根据金属焊件的厚薄不同对焊接电流进行调节；振荡器，提高电流的频率，将电源 50Hz 的频率提高到 250000Hz，使交流电的交变间隔趋于无限小，增加电弧的稳定性，以提高焊接质量。②电焊条：由金属焊条芯和焊药两部分组成。焊药层易受潮，受潮的焊条在使用时不易点火起弧，且电弧不稳定易断弧，因此电焊条一般用塑料袋密封存放在干燥通风处，受潮的焊条不能使用或干燥后再使用。③焊接时注意事项：*a*. 电焊机应放在干燥的地方，且有接地线。*b*. 禁止在易燃材料附近施焊，施焊时必须采取安全措施及 5m 以上的安全距离。*c*. 管道内有水或有压力气体或管道和设备上的油漆未干时均不得施焊。*d*. 在潮湿的地方施焊时，焊工必须处在干燥的木板或橡胶垫上。*e*. 焊接时必须带防护面罩和手套。

（2）气焊：由氧气—乙炔进行焊接。由于氧和乙炔的混合气体燃烧的火焰温度达 3100～3300℃，工程上借助此高温熔化金属进行焊接。①氧气：焊接时用氧气要求纯度达到 98%以上，氧气厂生产的氧气以 15MPa 的压力注入专用钢瓶内，送至施工现场或用户。②乙炔气：生产厂将乙炔装入钢瓶，运送至施工场地或用户，既安全又经济，还不会产生环境污染。③高压胶管：用于输送氧气及乙炔气至焊炬，应有足够的耐压强度。气焊胶管长度一般不小于 30m，质料要柔软便于操作。④焊炬：气焊的主要工具，有大、中、小三种型号，按照每小时气体消耗量，每种型号各带 7 个焊嘴，大型的为 500L/h、700L/h、1000L/h、1250L/h、2000L/h，中型的为 100L/h、150L/h、225L/h、350L/h，小型的为 50L/h、75L/h。⑤焊条：焊接普通碳素钢管道可用 H08 气焊条；焊接 10 号和 20 号优质碳素钢管道（$PN \leqslant 6$MPa）可用 H08A 或 H15 气焊条。⑥气焊注意事项：*a*. 氧气瓶及压力调节器严禁沾油污，应置阴凉处，不可在烈日下曝晒，注意防火。*b*. 乙炔气为易燃气体，无论采用乙炔发生器产生乙炔气还是钢瓶装乙炔气，周围严禁烟火，特别是防止焊炬回火造成事故。*c*. 在焊接过程中，若乙炔胶管脱落、破裂或着火时，应首先考虑熄灭焊枪火焰，然后停止供气；若氧气管着火时，应迅速关闭氧气瓶上的阀门。*d*. 施焊过程中，操作人员应戴口罩、防护眼镜和手套。*e*. 焊枪点火时应先开氧气阀，再开乙炔气阀；灭火、回火或发生多次鸣爆时，应先关乙炔气阀再关氧气阀。*f*. 对水管进行气割前，应先放掉管内水，禁止对承压管道进行切割。

3. 氩弧焊：是用氩气作保护气体的一种焊接方法。在焊接过程中，氩气在电弧周围形成气体保护层，使焊接部位、钨极端间和焊丝不与空气接触，由于氩气是惰性气体，它不与金属发生化学作用，因此在焊接过程中焊件和焊丝中的合金元素不易损坏；又由于氩气不熔于金属因此不产生气孔。由于上述特点，采用氩弧焊接可以得到高质量的焊缝。有些管材的管口焊接难度大、要求质量高，为了防止焊缝背面产生氧化、穿瘤、留孔等缺陷，在氩弧焊打底焊接的同时，要求在管内充氩气保护。氩弧焊接适用范围很广泛，如钛管、铝管等。

3. 钢管法兰连接：法兰是固定在管口上的带螺栓孔的圆盘。法兰连接严密性好、拆卸安装方便，故用于需要检修或定期清理的阀门、管路附属设备与管子的连接，如泵房管道的连接常采用法兰连接。根据法兰与管子连接方式，法兰可分以下几种：①平焊法兰：制造简单、成本低，施工现场既可采用成品又可按国家标准在现场用钢板加工。用于公称压力不超过 2.5MPa，工作温度不超过 300℃的管道上。②对焊法兰：这种法兰本体带有一段短管，法兰与管子的连接实质上是短管与管子的对口焊接。多采用锻造法制作，成本较高，施工现场大多采用成品。一般用于公称压力大于 4MPa 或温度大于 300℃的管道上。③铸钢法兰与铸铁螺纹法兰：适用于水煤气输送钢管上，其密封面为光滑面。④翻边松套法兰：属活动法兰，分为平焊钢环松套、翻边松套和对焊松套三种。由于不与介质接触，常用于有色金属管、不锈钢管以及塑料管的法兰连接上。平焊法兰、对焊法兰与管子连接均采用焊接，而法兰的螺纹连接适用于镀锌钢管与铸铁法兰的连接或镀锌钢管与铸钢法兰的连接。翻边松套法兰安装时，先将法兰套在管上，再将管子端头翻边，翻边要平正成直角、无裂口损伤、不挡螺栓孔。

管道试压：给水管道的水压试验方法有落压试验和水压严密试验两种。开始水压试验时应逐步升压，每次升压为 0.2MPa 为宜，每次升压后检查没有问题再继续升压；升压接近试验压力时，稳压一段时间检查，彻底排除气体，然后升至试验压力。

1. 落压试验：又称水压强度试验，亦称压力表试验，常用于管径 $DN \leqslant 400$ 的小管径的水压强度试验。对于管径 $DN \leqslant 400$ 的管道，在试验压力下，10min 降压不大于 0.05MPa 为合格。

2. 水压严密性试验：又称渗漏水量试验，根据在同一管段内压力相同、压降相同则漏水总量亦应相同的原理来检验管道的漏水情况。试验时，先将水压升至试验压力，关闭进水阀门，停止加压，记录降压 0.1MPa 所需的时间 T_1，然后打开进水阀门，再将水压重新升至试验压力，停止加压并放开放水龙头，放水至量水容器，降压 0.1MPa 为止，记录所需时间为 T_2，放出的水量为 W（L）。根据前后水压降相同、漏水量亦相同原理，则有 $T_1 q_1 = T_2 q_2 + W$，而 $q_1 \approx q_2 \approx q$，则 $q = \frac{W}{T_1 - T_2}$。若漏水率 q 不超过规定值，则认为试验合格。

管道消毒冲洗：

1. 管道消毒：目的是消灭新安装管道内的细菌，使水质不致污染，消毒液常用漂白粉溶液注入被消毒的管段内，灌注时可少许开启来水闸阀和出水闸阀，使清水带着漂白液流经全部管段，当从放水口检验出高浓度氯水时，关闭所有闸阀，浸泡 24h 为宜。

2. 管道冲洗：主要使管内杂物全部洗干净，使排出水的水质与自来水状态一致。在没有达到上述水质要求时，这部分冲洗水要放水时，可排至附近河道。排水管道排水时应取得有关单位协助，确保安全排放、畅通。安装放水口时，其冲洗管接口应严密，并设有闸阀、排气管和放水龙头，弯头处应进行临时加固。冲洗水管可比被冲洗的水管管径小，但断面不应小于1/2；冲洗水的流速宜大于0.7m/s，管径较大时，所需用的冲洗水量较大。可在夜间进行冲洗，以不影响周围的正常用水。管内存水24h以后再化验为宜，合格后即可交付使用。

二、本章定额管节长度是综合取定的，实际不同时，不做调整。

[应用释义]　管节长度：管节长度也就是管道的实际长度。不同类型的管道长度亦不相同，如热轧无缝钢管的长度为3～12.5m，冷轧管的长度为1.5～9m，砂型离心铸铁管的长度为4～6m，连续铸铁管的长度为4～6m等。实际上是综合取定的，不因实际不同而做较大的调整。

三、套管内的管道铺设按相应的管道安装、人工、机械乘以系数1.2。

[应用释义]　管道：指管道系统中输送介质的若干根管子。

套管：又称套袖、套筒，常用于管道的连接，也用于不同的管子交叉铺设不能满足给水管距离上的要求时，以及管道过墙时加套管等。套管按形状可分为同径套管和异径套管，异径套管又称为大小头。在给水工程中，管道接头处常用到套管。

管道铺设：首先检查管道沟槽堆土位置是否符合规定，检查管道地基处理情况、沟槽边坡等，还必须对管材、管件进行检验，质量要符合设计要求。下管分人工下管和机械下管，可根据管材种类、单节管重及管长、机械设备、施工环境来选择。

1. 人工下管：多用于施工现场狭窄、重量不大的中小型管子，以施工操作方便为原则。对于管径小于400mm的小管，可采用绳钩下管或杉木溜下法下管，对于管径较大的混凝土管或铸铁管，一般采用压绳法下管。

2. 机械下管：一般是用汽车式或履带式起重机械下管，为单机单管节下管。稳管是将管子按设计的高程与平面位置稳定在地基或基础上，压力流管道铺设的高程和平面内位置的精度都可低些。通常情况下，铺设承插式管节时，承口朝来水方向，在槽底急陡区间，应由低处向高处铺设；重力流管道的铺设高程和平面位置应严格符合设计要求，一般以逆流方向进行铺设，使已铺的下游管道先期投入使用，同时供施工排水。管道铺设按相应的管道安装、人工、机械乘以系数1.2。

四、混凝土管安装不需要接口时，按第六册“排水工程”相应定额执行。

[应用释义]　混凝土管：由钢筋混凝土在模板中浇筑而成，常见的有预应力钢筋混凝土管和自应力钢筋混凝土管。混凝土管常作为压力给水管，可代替钢管和铸铁管，降低工程造价。两种混凝土管均采用承插式橡胶圈接口，具有良好的抗渗性和耐久性、施工安装方便、水力条件好等优点，但自重大、质地脆。混凝土管常用的规格为$DN100$～$DN600$、管节管长为1m；钢筋混凝土管为$DN300$～$DN2400$、管节管长为2m。

混凝土管安装：其施工程序为：排管→下管→清理管腔、管口→清理胶圈→初步对口找正→顶管接口→检查中线高程→用探尺检查胶圈位置→锁管→部分回填→水压试验合格→全部回填。

1. 排管：将管子和管件按顺序置于沟槽一侧或两侧。

2. 下管：下管时，吊装管子的钢丝绳与管子接触处必须用木板、橡胶板、麻袋等垫好，以免将管子勒坏。

3. 清理管腔、管口：在铺管前，应对每根管子进行检查，察看有无露筋、裂纹、脱皮等缺陷，尤其注意承插口工作面部分，如有上述缺陷，应用环氧树脂水泥修补好。

4. 清理胶圈：橡胶圈必须逐个检查，不得有割裂、破损、气泡、大飞边等缺陷，粘结要牢固，不得有凸凹不平的现象。将清理后的胶圈上到管子的插口端。

5. 初步对口找正：一般采取起重机吊起管子对口。

6. 顶管接口：一般采用顶推与拉入两种方法，可根据施工条件、顶推力大小、机具配备情况和操作熟练程度确定。顶管接口常用以下几种安装方法：①千斤顶小车拉杆法：由后背工字钢、螺旋千斤顶、顶铁、垫木等组成的一套顶推设备安装在一辆平板小车上，在已经安装好的管子上固定特制的弧形卡具，用符合管节模数的钢拉杆把卡具和后背顶铁拉起来，使小车与卡具、拉杆形成一个自索推拉系统，索成后找好顶铁的位置及垫木、垫铁千斤顶的位置，摇动螺旋千斤顶，将套有胶圈的插口徐徐顶入已安好的管子承口中，随顶随调整胶圈，使之就位准确。②吊链拉入法：在已安装稳固的管子上拴住钢丝绳，在待拉入管子承口处架上后背横梁，用钢丝绳和吊链连好绷紧对正，两侧同步拉吊链，将已套好胶圈的插口经撞口后拉入承口中，注意随时校正胶圈位置。③牵引机拉入法。④OKJ多功能快速接管机安装。

排水管道铺设：常用的方法有“四合一”施工法、垫块法平装、平基法铺设，应根据管道种类、管径大小、管座形式、管道基础、接口方式等选择。

1.“四合一”施工法：排水管道施工，把混凝土平基、稳管、管座、抹带四道工序合在一起施工的做法称为“四合一”施工法。这种方法速度快、质量好，是 $DN \leqslant 600$ 管道普遍采用的方法。施工程序：验槽→支模→下管→排管→四合一施工→养护。①平基：灌筑平基混凝土时，一般应使平基面高出设计平基面 20～40mm（视管径大小而定），并进行捣固，管径 400mm 以下者，可将管座混凝土与平基一次灌齐，并将平基面作成弧形以利稳管。②稳管：将管子从模板上滚至平基弧形内，前后揉动，将管子揉至设计高程，同时控制管子中心线位置的准确。③管座：完成稳管后，立即支设管座模板，浇筑两侧管座混凝土，捣固管座两侧三角区，补填对口砂浆，抹平管座两肩。如管道接口采用钢丝网水泥砂浆抹带接口时，混凝土的捣固应注意钢丝网位置的正确，同时应配合勾捻相应的管内缝。管径在 600mm 以下时，可用麻袋球或其他工具在管内来回拖动，将管口处的砂浆抹平。④抹带：管座混凝土灌筑后，马上进行抹带，随后勾捻内缝，抹带与稳管至少相隔 2～3 节管，以免稳管时不小心碰撞管子，影响接口质量。

2. 垫块法平装：排水管道施工，把在预制混凝土垫块上安管然后再浇筑混凝土基础和接口的施工方法称为垫块法。采用这种方法可避免平基、管座分开浇筑，是污水管道常用的施工方法。施工程序：预制垫块→安垫块→下管→在垫块上安装管→支模→浇筑混凝土基础→接口→养护。工作要点：①垫块应放置平稳，高程符合质量要求。②安管时管子两侧应立保险杠，防止管子从垫块上滚下伤人。③安管的对口间隙：管径 700mm 以上者按 10mm 左右控制，安较大的管子时，宜进入管内检查对口，减少错口现象。④管子安好后一定要用干净石子或碎石将管卡牢，并及时灌筑混凝土管座。

3. 平基法铺设：首先浇筑平基混凝土，待平基达到一定强度再进行下管、安管、浇筑管及抹带接口的施工方法。施工程序：支平基模板→浇筑平基混凝土→下管→安管→支管座模板→浇筑管座混凝土→抹带接口→养护。施工操作要点：①浇筑混凝土平基顶面高度高于或低于设计高程不超过10mm。②平基混凝土强度达到5MPa以上时，方可直接下管。③下管前可直接在平基面上弹线以控制安管中心线。④安管的对口间隙：$DN\geqslant70$，按10mm控制；$DN<70$，可不留间隙。安较大的管子，宜进入管内检查对口，减少错口现象。移管以达到管内底高程偏差在±10mm之内、中心线偏差不超过10mm、相邻管内底错口不大于3mm为合格。⑤管子安好后，应及时用干净石子或碎石卡牢，并立即浇筑混凝土管座。管座浇筑要点：*a*. 浇筑管座前，平基应凿毛或刷毛，并冲刷干净；*b*. 对平基与管子接触的三角部分要选用同强度等级混凝土中的软灰先行捣实，如图2-3；*c*. 浇筑混凝土时，应两侧同时进行，防止挤偏管子；*d*. 较大管子浇筑时宜同时进入管内，配合勾捻内缝，$DN<700$的管子可用麻袋球或其他工具在管内来回拖动，将流入管内的灰浆拉平。

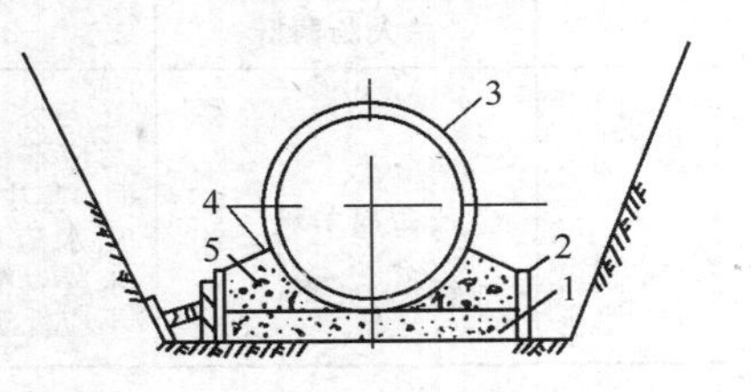

图2-3　平基法浇筑管座混凝土示意图

1—平基混凝土；2—管座模板；3—管子；4—底三角部分；5—管座混凝土

五、本定额给定的消毒冲洗水量，如水质达不到饮用水标准，水量不足时，可按实调整，其他不变。

[应用释义]　饮用水水质标准：人们对生活饮用水的水质要求是：无色、无味、无臭、不浑浊、无细菌、无病原体、化学物质的含量不影响使用、有毒物质的浓度在不影响人体健康的范围内。生活饮用水水质标准见表2-2。

生活饮用水水质标准　**表2-2**

序号	项目	标准	序号	项目	标准
1	色	不得呈现其他异色且色度不超过15度	15	溶解性总固体	1000mg/L
			16	氟化物	1.0mg/L
2	浑浊度	不超过3度，特殊情况下不超过5度	17	氰化物	0.05mg/L
			18	砷	0.05mg/L
3	臭和味	不得有异臭、异味	19	硒	0.01mg/L
4	肉眼可见物	不得含有	20	汞	0.001mg/L
5	pH	6.5～8.5	21	镉	0.01mg/L
6	总硬度（以$CaCO_3$计）	450mg/L	22	铬（六价）	0.05mg/L
7	铁	0.3mg/L	23	铅	0.05mg/L
8	锰	0.1mg/L	24	银	0.05mg/L
9	铜	1.0mg/L	25	硝酸盐（以氮计）	20mg/L
10	锌	1.0mg/L	26	氯仿	60μg/L
11	挥发酚类（以苯酚计）	0.002mg/L	27	四氯化碳	3μg/L
12	阴离子合成洗涤剂	0.3mg/L	28	苯并（a）芘	0.01μg/L
13	硫酸盐	250mg/L	29	滴滴涕	1μg/L
14	氯化物	250mg/L	30	六六六	5μg/L

续表

序号	项目	标准	序号	项目	标准
31	细菌总数	100 个/mL	34	总 α 放射性	0.1Bq/L
32	总大肠菌群	3 个/L			
33	游离余氯	在与水接触 30min 后应不低于 0.3mg/L，集中式给水除出厂水应符合上述要求外，管网末梢水不应低于 0.05mg/L	35	总 β 放射性	1Bq/L

在水质达到饮用水标准前，管道消毒、冲洗应按实调整。冲洗前后工作如下：

1. 准备工作：会同自来水管理部门，商定冲洗方案，如冲洗量、冲洗时间、排水路线和安全措施等。

2. 开闸冲洗：放水时，先开出水闸阀，再开进水闸阀，注意排气并派专人监护放水路线，发现情况及时处理。

3. 检查放水口水质：观察放水口放水的外观，至水质外观澄清，化验合格为止。

4. 关闭闸阀：放水后尽量使进水闸阀、出水闸阀同时关闭，如做不到可先关闭出水闸阀，但留几扣暂时不关死，等进水闸阀关闭后，再将出水闸阀关闭。

5. 放水完毕：管内存水 24h 以后再化验为宜，合格后即可交付使用。

消防用水量：消防用水只在发生火灾时使用，历时短暂（一般 2～3h），但其水量在城镇用水量中占有较大比例，通常贮存在水厂的清水池中，火灾发生时由水厂的二级泵站送至火灾现场供扑救火灾使用。消防用水量、水压和延续时间等，应按照现行的《建筑设计防火规范》及《高层民用建筑设计防火规范》确定。室外消防用水量通常由同时发生的火灾次数和一次灭火的用水量确定。城镇（或居住区）室外消防用水量与人数有关，参见表 2-3。工厂、仓库和民用建筑的同时发生火灾次数，见表 2-4。室外消防一次灭火用水量还与耐火等级及火灾危险性有关，参见表 2-5。设计时，消防用水量的确定，应征求消防部门的意见。

城镇、居住区室外消防用水量 **表 2-3**

人数（万人）	同一时间内的火灾次数（次）	一次灭火用水量（L/s）
≤1.0	1	10
≤2.5	1	15
≤5.0	2	25
≤10.0	2	35
≤20.0	2	45
≤30.0	2	55
≤40.0	2	65
≤50.0	3	75
≤60.0	3	85
≤70.0	3	90
≤80.0	3	95
≤100	3	100

注：城镇的室外消防用水量应包括居住区、工厂、仓库（含堆场、贮罐）和民用建筑的室外消火栓用水量。当工厂、仓库和民用建筑的室外消火栓用水量按表 2-5 计算，其值与按本表计算不一致时，应取其较大值。

同一时间内的火灾次数表 **表 2-4**

名称	基地面积（hm^2）	附近居住区人数（万次）	同一时间内的火灾次数	备　注
工厂	≤100	≤1.5	1	按需水量最大的一座建筑物（或堆场、贮藏）计算
		>1.5	2	工厂、居住区各一次
	>100	不限	2	按需水量最大的两座建筑物（或堆场、贮藏）计算
仓库民用建筑	不限	不限	1	按需水量最大的两座建筑物（或堆场、贮藏）计算

注：采矿、选矿等工业企业，如各分散基地有单独的消防给水系统时，可分别计算。

建筑物的室外消火栓用水量 **表 2-5**

耐火等级	建筑物名称及类别		一次灭火用水量（L/s）/建筑体积（m^3）≤1500	1501～3000	3001～5000	5001～20000	20001～50000	>50000
一、二级	厂房	甲、乙	10	15	20	25	30	35
		丙	10	15	20	25	30	40
		丁、戊	10	10	10	15	15	20
	库房	甲、乙	15	15	25	25	—	—
		丙	15	15	25	25	35	45
		丁、戊	10	10	10	15	15	20
	民用建筑		10	15	15	20	25	30
三级	厂房或库房	乙、丙	15	20	30	40	45	—
		丁、戊	10	10	15	20	25	35
	民用建筑		10	15	20	25	30	—
四级	丁、戊类厂房或库房		10	15	20	25	—	—
	民用建筑		10	15	20	25	—	—

注：1. 室外消火栓用水量应按消防需水量最大的一座建筑物或一个防火分区计算，成组布置的建筑物应按消防需水量较大的相邻两座计算；

2. 火车站、码头和机场的中转库房，其室外消火栓用水量应按相应耐火等级的丙类物品库房确定；

3. 国家级文物保护单位的重点砖木、木结构的建筑物室外消防用水量，按三级耐火等级民用建筑物消防用水量确定。

六、新旧管线连接项目所指的管径是指新旧管中最大的管径。

[应用释义]　管径：指管道公称通径，又称公称直径，是管子和管道附件的标准直径，是就内径而言的标准，只近似于内径而不是实际内径。因为同一号规格的管外径都相等，但对各种不同工作压力要选用不同壁厚的管子，压力大则选用管壁较厚的，内径因壁厚而减小，公称通径用字母 *DN* 表示，符号后面注明单位为毫米的尺寸，例如 *DN*50 即公称通径为 50mm 的管子。公称通径是有缝钢管、铸铁管、混凝土管等管子的标称，但无缝钢管不用此表示。在实际应用中，*DN*100 以上主要用焊接，很少用螺纹连接，管子和管子附件以及各种设备上的管子接口都要符合公称通径标准，根据公称通径生产制造、

加工，不得随意选定尺寸。

例如，DN20 镀锌焊接钢管，外径为 26.75mm，壁厚 2.75mm，内径是 21.25mm。管材、管件的实际内径和外径，根据其结构特征，由各制品的技术标准来规定，但是无论怎样规定，凡是公称直径相等的管材、管件和阀门均能连接。在管道连接中所指的公称通径，通常是指新旧管道中最大的公称通径，便于施工、连接，符合管道连接的公称通径标准。

七、本章定额不包括以下内容：

1. 管道试压、消毒冲洗、新旧管道连接的排水工作内容，按批准的施工组织设计另计。

［应用释义］　排水管道试压：生活污水、工业废水、雨污水合流管道、倒虹吸管或设计要求作闭水的其他排水管道，必须做闭水试验；如 DN300～1200 的混凝土排水管道且施工现场水源确有困难，无条件闭水，亦可采用闭气方法检验排水管道的严密性。

(1) 排水管道闭水检验：在排水管道闭水试验前，应对管线及沟槽等进行检查，检查结果符合以下条件：①管道及检查井的外观质量及“量测”检验均已合格。②管道未回填土且沟槽内无积水。③全部预备孔洞应封堵不得漏水。④管道两端的管堵应封堵严密牢固，下游管堵设置放水管和闸门，管堵须经核算承压力，管堵可用充气堵板或砖砌堵头。⑤现场的水源应满足闭水需要，排水管道作闭水试验，应尽量从上游往下游分段进行，上游段试验完毕，可往下游充水，逐段试验以节约用水。

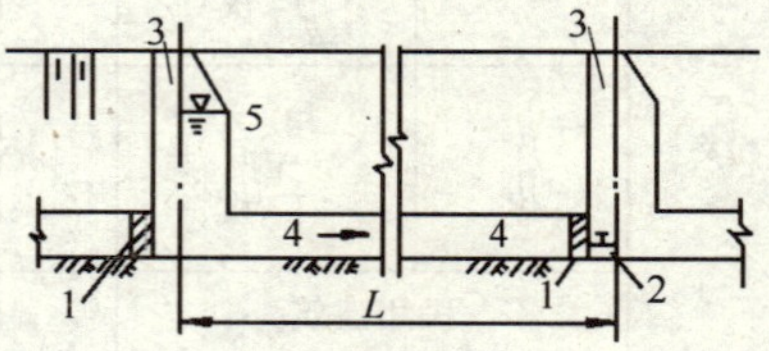

闭水试验的方法又可分为带井闭水试验和不带井闭水试验两种，一般采用带井闭水实验。

1) 带井闭水试验：管道沟槽等具备了闭水条件，即可进行管道带井闭水试验。非金属排水管道试验段长不宜大于 500m，带井闭水试验如图 2-4 所示。

3
5
4
4
1
L
1
2
3

图 2-4　带井闭水试验
1—闭水堵头；2—放水管和阀门；
3—检查井；4—闭水管段；
5—规定闭水水位

试验前，管道两端管堵如用砖砌，必须养护 3～4 天达到一定强度后，再向闭水段的检查井内注水。闭水试验的水位，应为试验段上游管内顶以上 2m，如井高不足 2m，将水灌至接近上游井口高度。注水过程的同时，应检查管道、管堵、井身，达到无漏水和严重渗水后，再浸泡管道和井 1～2 天，然后进行闭水试验。将水灌至规定的水位，开始记录，对渗水量的测定时间为 30min，根据井内水面的下降值计算渗水量，渗水量计算公式：$Q=\frac{48000q}{L}$。式中：Q 为每公里管道每天的渗水量［m^3/（km·天）］；q 为闭水管段 30min 的渗水量（m^3）；L 为闭水管段长度（m）。当 $Q\leqslant$ 规定允许渗水量时即为合格，允许渗水量如表 2-6 所示。

排水管道闭水试验允许渗水量　　**表 2-6**

管径（mm）	允许渗水量			
	陶土管		混凝土管、钢筋混凝土管	
	m^3/（km·天）	L/（m·h）	m^3/（km·天）	L/（m·h）
<150	7	0.3	7	0.3

续表

管径（mm）	允许渗水量			
	陶土管		混凝土管、钢筋混凝土管	
	m^3/（km·天）	L/（m·h）	m^3/（km·天）	L/（m·h）
200	12	0.5	20	0.8
250	15	0.6	24	1.0
300	18	0.7	28	1.1
350	20	0.8	30	1.2
400	21	0.9	32	1.3
450	22	0.9	34	1.4
500	23	1.0	36	1.5
600	24	1.0	40	1.7
700	—	—	44	1.8
800	—	—	48	2.0
900	—	—	53	2.2
1000	—	—	58	2.4
1100	—	—	64	2.7
1200	—	—	70	2.9
1300	—	—	77	3.2
1400	—	—	85	3.5
1500	—	—	93	3.9
1600	—	—	102	4.3
1700	—	—	112	4.7
1800	—	—	123	5.1
1900	—	—	135	5.6
2000	—	—	148	6.2
2100	—	—	163	6.8
2200	—	—	179	7.5
2300	—	—	197	8.2
2400	—	—	217	9.0

2）不带井闭水试验：如图 2-5。

每个井段管口都须设堵，下游管堵设放水管与闸门，并须专门设置量水筒；上游管堵设进水管、排气管。试验时，量水筒水位距离闭水段上游管内顶 2m，测定时间为 30min，根据量水筒的水面下降值计算渗水量，如渗水量不大于排水管道闭水试验允许渗水量规定的允许渗水量，即为合格。

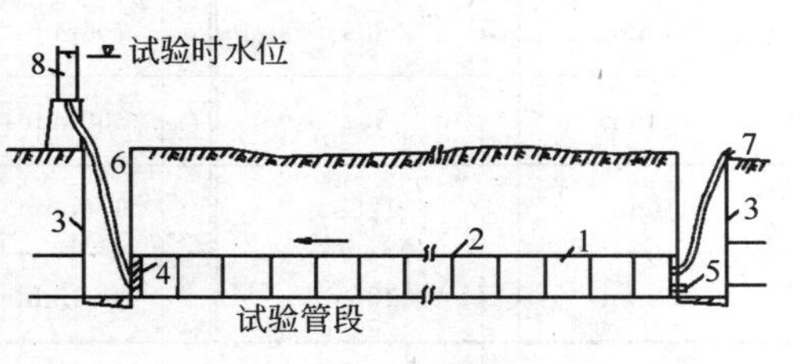

图 2-5　不带井闭水试验

1—试验管段；2—接口；3—检查井；4—堵头；5—闸门；6、7—胶管；8—水筒

（2）排水管道闭气检验：根据中国工程建设标准化协会标准《混凝土排水管道工程闭气检验标准》规定，闭气检验与闭水检验具有同等效力。排水管道闭气检验适用于管道在回填土之前，地下水位低于管外底 150mm，直

径为300～1200mm的承插口、企口、平口混凝土排水管道，环境温度为－15～50℃，在下雨时，不得进行闭气检验。①闭气检验方法：将进行闭气检验的排水管道两端用专用管堵密封，然后向管内充入空气至一定的压力，在规定闭气时间测定管内气体的压降值。②闭气检验步骤（参见闭气检验流程图）：*a*. 管堵安装：先对排水管道两端与管堵接触部分的内壁进行处理，使其清洁光滑，接着将管堵分别安装在管道两端，每端接上压力表和充气嘴，然后用打气筒给管堵充气，加压至0.15～0.20MPa，将管道封闭，并用喷雾器喷洒发泡液检查管堵对管口的密封情况。*b*. 管道充气：用空气压缩机向管道内充气至3000Pa，关闭气阀，使气压趋于稳定，气压从3000Pa降至2000Pa的时间不应少于5min。*c*. 检验：根据不同管径的规定闭气时间，测定并记录管道内气压从2000Pa下降后的压力表读数，其下降到1500Pa的时间不得少于表2-7中规定，闭气检验不合格时，应进行漏气检查、修补、复检。

（*a*）闭气检验流程图：如图2-6所示。

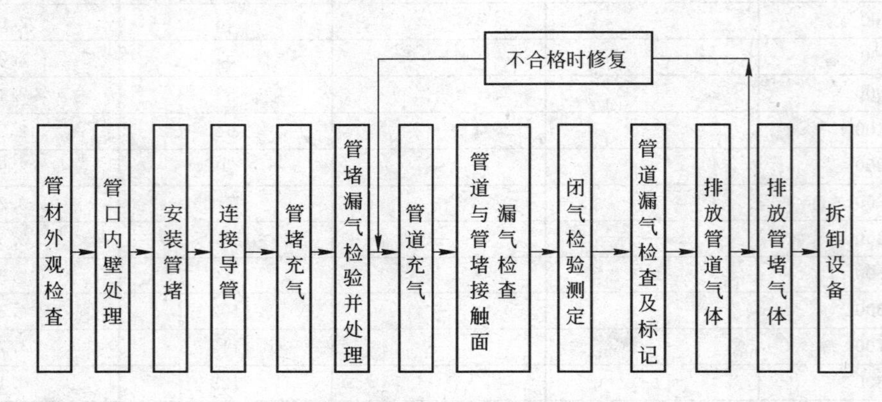

图2-6　管道闭气检验流程图

（*b*）闭气检验标准：管内压力从2000Pa降到1500Pa，管径不同时，规定闭气时间也不同，具体数据见表2-7。

表2-7

管径	规定闭气时间	管径	规定闭气时间	管径	规定闭气时间
300mm	60s	700mm	185s	1100mm	330s
400mm	95s	800mm	215s	1200mm	370s
500mm	125s	900mm	250s		
600mm	155s	1000mm	290s		

2. 新旧管连接所需的工作坑及工作坑垫层、抹灰、马鞍卡子、盲板安装，工作坑及工作坑垫层、抹灰执行第六册“排水工程”有关定额，马鞍卡子、盲板安装执行本册有关定额。

[应用释义]　工作坑：工作坑是人、机械、材料较集中的活动场所，包括后背、导轨、基础等。

（1）工作坑的位置选择：①尽量选择在管线上的附属构筑物位置上，如闸门或检查井。②有可利用的坑壁原状土作后背。③单向顶进时工作坑宜设置在管线下游。④工作坑的种类，按工作坑的使用功能有单向坑、双向坑、多向坑、转向坑、交汇坑。*a*. 单向坑管道只朝一个方向顶进，工作坑利用率低，只适用于穿越障碍物。*b*. 双向坑在工作坑内顶完一个方向管道后调过头来利用顶进管道作后背再顶进相对方向的管道。*c*. 多向坑一般用于管道拐弯处或支管接干管处，在一个工作坑内，向二至三个方向顶进，工作坑利用效率较高，转向坑类似于多向坑。*d*. 交汇坑在其他两个工作坑内，从两个相对方向向交汇坑顶进，在交汇坑内对口相接适用于顶进距离较长或一端顶进出现过大误差时使用。

（2）工作坑制作方法：有开槽式、沉井式、连续墙式三种。①开槽式工作坑是应用较普遍的一种称为支撑式的工作坑。这种工作坑的纵断面形状有直槽式、梯形槽式。工作坑支撑宜采用板桩撑，适用于任何土质，与地下水位无关，一般挖掘深度以不大于 7m 为宜。②沉井式工作坑：沉井法即在钢筋混凝土井筒内挖土，随井筒内挖土，井筒靠自重或加重使其下沉，直至沉至要求的深度，最后用钢筋混凝土封底，沉井式工作坑平面形状有单孔圆形沉井和单孔矩形沉井。③连续墙式工作坑：采取先钻深孔成槽用泥浆护壁，然后放入钢筋网，浇筑混凝土时将泥浆挤出，形成连续墙段，再在井内挖土封底而形成工作坑。

工作坑垫层：工作坑垫层亦是工作坑基础，形式取决于地基的种类、管节的轻重以及地下水位的高低。

（1）土槽木枕基础适用于地基承载力大、无地下水的情况。

（2）卵石木枕基础适用于虽有地下水但渗透量不大的情况，对地基土为细粒的粉砂土，为了防止安装导轨时扰动基土，可铺一层 10cm 厚的卵石或级配砂石，以增加其承载能力，并能保持排水通畅，在枕木间填粗砂找平。这种基础形式简单实用、较混凝土基础造价低，一般情况下可代替混凝土基础。

（3）混凝土木枕基础适用于地下水位高、地基承载力差的地方。

抹灰：新旧管连接接口处进行抹灰工作，具体操作如下：①在抹灰前将管口及管带覆盖到的管外皮刷净，并刷水泥浆一遍。②抹第一层砂浆时应注意找正，使管缝居中，厚度约为带厚的三分之一，并压实，使之与管壁粘结牢固，在表面划成线槽，以利于与第二层粘合。③待第一层砂浆初凝后抹第二层，用弧形抹子抹压成形，待初凝后用抹子赶光压实。④带基相接处三角形灰要饱实，大管径可用砖模，防止砂浆变形。

马鞍卡子：马鞍卡子是指将管道支承固定于墙柱上的支承铁件，它不仅起支托作用，还可将管子卡住固定不动，形如马鞍状。

盲板：又称法兰盖，是中间不带管孔的法兰。盲板的密封面应与其相配的另一个法兰对应，压力等级与法兰相等，法兰是固定在管口上的带螺栓孔的圆盘。

第二节　工程量计算规则应用释义

一、管道安装均按施工图中心线的长度计算（支管长度从主管中心开始计算到支管末端交接处的中心），管件、阀门所占长度已在管道施工损耗中综合考虑，计算工程量时均不扣除其所占长度。

［应用释义］ 管道安装的工程量按其不同材质、接口方式和管径计算。以施工图所示管道中心线长度，以“m”为计量单位，不扣除阀门和管件（包括减压器、疏水器、水表、伸缩器等成组安装）所占长度。

阀门：阀门是给排水、采暖、煤气工程中应用极广泛的一种部件，其作用是关闭或开启管路以及调节管道介质的流量和压力，并具有在紧急抢修中迅速隔离故障管段的作用，由阀体、阀瓣，阀盖、阀杆以及手轮等部件组成。按照阀门的职能和结构特点，可分为截止阀、闸阀、节流阀、球阀、蝶阀、隔膜阀、旋塞阀、止回阀、安全阀、疏水阀等，这些阀件都是在管道安装工程中常用的。

管件：管件常用的有弯管、三通管、四通管。弯管按形状分为90°、45°和弯曲形污水管；三通管按形状分为45°、90°、承插三通管；四通管有45°承插四通管和90°承插四通管。另外还有不常用的管件，如存水弯管分为P形、S形，套管又有同径套管、异径套管。

二、管道安装均不包括管件（指三通、弯头、异径管）、阀门的安装，铸铁管件安装执行本册有关定额。

［应用释义］ 阀门安装：对长时间存放或多次搬运的阀门，安装前应进行检查、清洗、试压和更换密封填料。当阀门不严密时，还必须对阀芯及阀孔进行研磨。

1. 阀门检查和水压试验：通常先将阀盖拆下，对阀门进行清洗后检查，看内外表面有无砂眼毛刺、裂纹等缺陷；阀座和阀体接合是否牢固；阀芯与阀座（孔）的密封面是否吻合和有无缺陷；阀杆与阀芯连接是否灵活牢固；阀杆有无弯曲；阀杆与填料压盖是否配合适当；阀门开闭是否灵活；螺纹有无缺扣断丝；法兰是否符合标准等。经检查合格的阀门，按规定标准进行强度及严密性试验，在试验压力下检查阀体、阀盖、垫片和填料等有无渗漏。

2. 阀门研磨：当阀门的密封面因摩擦、挤压而造成划痕和不平等损伤，损伤深度小于0.05mm时，可用研磨法处理；若深度大于0.05mm时，可先用车床车削后再研磨。对截止阀、升降式止回阀及安全阀，可直接将阀芯的密封面和阀座密封圈上涂一层研磨剂，将阀芯来回旋转互相研磨；对闸阀则要将闸板与阀座分开研磨，阀门经研磨、清洗、装配，试压合格后方可安装。

3. 阀门的安装：安装时，应仔细核对阀门的型号、规格是否符合设计要求，安装的阀门其阀体上标示的箭头应与介质流向一致。水平管道上的阀门其阀杆一般应安装在上半周范围内，不允许阀杆朝下安装；安装法兰阀门时，应保证两法兰端面相互平行和同心，安装法兰或螺纹连接的阀门应在关闭状态下进行；安装止回阀时，应特别注意介质的正确流向，以保证阀板自动开启；对升降式止回阀，应保证阀板中心线与水平面互相垂直；对旋启式止回阀，应保证其摇板的旋转枢轴成水平状；安装铸铁、球铁阀门时，应避免因强力连接或受力不均引起的破坏，阀门的操作机构和转动装置应进行必要的调整，使之动作灵活，指示正确。较大型阀门安装应用起重工具吊装，绳索应绑扎在阀体上，不允许将绳索拴在手轮、阀杆或阀孔处，以免造成损伤和变形。

管件安装：管件包括三通、弯头、异径管的安装。主要有螺纹连接、法兰连接、对焊连接。

在本定额中，管道安装均不包括阀门、管件的安装，执行定额时，按相应项目另行计算，如阀门套“阀门制作安装”项目、法兰套“法兰制作安装”项目、伸缩器套“伸缩器制作安装”项目、管件套“管件制作安装”项目，而铸铁管件安装执行本册相关的定额。

弯头：公称直径为15～150mm，一般用的是可锻铸铁件，碳素铸钢件，为提高弯头耐腐蚀性，常在管件表面镀锌。

异径管接头：公称直径（20～150mm）×（15～125mm），长度一般为40～105mm。

三、遇有新旧管连接时，管道安装工程量计算到碰头的阀门处，但阀门及与阀门相连的承（插）盘短管、法兰盘的安装均包括在新旧管连接定额内，不再另计。

［应用释义］ 本章管道安装包括给水管道、排水管道、采暖供热管道的安装，以及这些管道的接头零件。

第三节 定额应用释义

一、承插铸铁管安装（青铅接口）

工作内容：检查及清扫管材、切管、管道安装、化铅、打麻、打铅口。

定额编号 5-1～5-15 承插铸铁管安装（青铅接口） P4～P5

［应用释义］ 青铅接口：铸铁管接口中最早使用的方法之一，是承插式刚性接口形式的一种。承插式刚性接口一般由嵌缝和密封材料组成。嵌缝的作用是使承插口缝隙均匀、增加接口的粘着力、保证密封填料击打密实，而且能防止填料掉入管内。嵌缝材料有油麻、橡胶圈、粗麻绳和石棉绳，其中给水管常用前两种材料。青铅接口是指在承插接头处使用铅作为密封材料，做法是：

1. 灌铅：在灌铅前检查嵌缝料填打情况，承口内擦洗干净，保持干燥，然后将特制的布卡箍或泥绳贴在承口外端，上方留一灌铅口，用卡子将布卡箍卡紧，卡箍与管壁接缝处用湿黏土抹严以防漏铅。灌铅及化铅人员配带石棉手套、眼镜，灌铅人站在灌铅口承口一侧，铅锅距灌铅口高约20cm，铅液从铅口一侧倒入，以便排气，每个铅口应一次连续灌完，凝固后，卸下布卡箍和卡子。

2. 填打铅口：首先用錾子将铅口飞刺剔除，再用铅錾捻打。捻打的方法：第一遍紧贴插口，第二遍紧贴承口，第三遍居中打。捻打时一錾压着半錾打，直至铅表面平滑。铅接口施工时，一定要严格执行有关操作规程，防止火灾，注意安全。施工程序：安设灌铅卡箍→熔铅→运送铅溶液→灌铅→拆除卡箍。

油麻：采用松软、有韧性、清洁、无麻皮的长纤维麻，加工成麻辫，浸放在用5%石油沥青和95%的汽油配制的溶液中，浸透、拧干，并经风干而成。麻的作用主要是防止外层散状接口填料漏入管内。麻以麻辫形状塞进普通铸铁管承口与插口间的缝隙内，麻辫的直径约为缝隙宽的1.5倍，麻辫长度较管口周长稍长，塞入后用麻錾锤击紧密。麻辫填打2～3圈，填打深度约占承口总深度的1/3，但不得超过承口水线里缘。当采用铅接口时，应距承口水线里缘 5mm，最里一圈应填打到插口小台上。油麻的填打程序及打法见表 2-8。

油麻的填打程序及打法 表 2-8

圈次	第一圈		第二圈			第三圈		
遍次	第一遍	第二遍	第一遍	第二遍	第三遍	第一遍	第二遍	第三遍
击数	2	1	2	2	1	2	2	1
打法	挑打	挑打	挑打	平打	平打	贴外口	贴里口	平打

填打油麻应注意以下几点：①填麻前应将承口、插口刷洗干净。②填麻时应先用铁牙将环形间隙背匀。③倒换铁牙、用麻錾将油麻塞入接口内。打第一遍麻辫时，应保留 1～2 个铁牙不动，以保证接口环形间隙均匀，待第一圈麻辫打实后，卸下铁牙，再用尺量第一圈麻，根据填打深度填第二圈麻。④移动麻錾时，应一錾挨一錾。⑤应保持油麻洁净，不得随地乱放。

切管：管道加工的一道工序，切管过程常称为下料。切管有一定的质量要求：①管道切口要平齐，即断面与管子轴心线要垂直，切口不正会影响套丝、焊接、粘结等接口质量；②管口内外无毛刺和铁渣，以免影响介质流动；③切口不应产生断面收缩，以免减小管子的有限断面积从而减少流量。常用的方法有手工切断和机械切断两类。手工切断主要有钢锯切断、錾断、管子割刀切断、气割；机械切断主要有砂轮切割机切断、套丝机切断、专用管子切割机切断等。

铸铁管：按材质可分为灰铸铁管和球墨铸铁管。

灰铸铁管、球墨铸铁管释义见第一章管道安装第一节说明应用释义第一条。

管道安装：指给水管道工程中较重要的工序、工作过程，主要指将管道由低向高进行承口朝向施工方向，并将管中心高程逐节调整正确，随时清扫管道中的污物等一些工作。

铸铁管检查：指管道施工前的一项准备工作。通常有如下几点内容：

1. 检查铸铁管材、管件有无裂纹及重皮脱层、夹砂、穿孔等缺陷，凡有破裂的管道不得使用。

2. 管材及管件在安装前应清除承口内部的油污、飞刺、铸砂及凹凸不平的铸瘤。

3. 柔性接口铸铁管承口的内工作面、插口的外工作面应修整光滑，多余的沥青应剔除，不得有沟槽、凸脊等缺陷。

4. 承插口配合的环向间隙，应满足填料和打口的需要。

5. 检查管件、附件所用法兰盘、螺栓、垫片等材料，其规格应符合有关规定。

汽车式起重机：指将起重机构安装在普通载重汽车或专用汽车底盘上的一种自行式全回转起重机。这种起重机的优点是运行速度快，能迅速转移，对路面破坏性很小，但吊装作业时必须支腿，因而不能负荷行驶，且不适合松软或泥泞地面作业。国产汽车起重机有 Q_2-8 型、Q_2-12 型、Q_2-16 型等。最大起重量分别 8t、12t、16t。国产重型汽车起重机有 Q_2-32 型，起重臂长 30m，最大起重量 32t，可用于一般厂房的构件安装；Q_3-100 型，起重臂长 12～60m，最大起重量 100t。

二、承插铸铁管安装（石棉水泥接口）

工作内容：检查及清扫管材、切管、管道安装、调制接口材料、接口、养护。

定额编号　5-16～5-30　承插铸铁管安装（石棉水泥接口）　P6～P7

[应用释义]　石棉水泥接口：指密封填料部分用石棉水泥填料作为普通铸铁管的填料，具有抗压强度较高、材料来源广、成本低的优点。但石棉水泥接口抗弯曲应力或冲击应力能力很差，接口需经较长时间养护才能通水，且打口劳动强度大，操作水平要求高。施工过程如下：

1. 材料的配比与拌制：石棉在填料中主要起骨架作用，改善刚性接口的脆性，有利接口的操作。所用石棉应有较好的柔性，其纤维有一定长度，通常使用 4F 级温石棉。石棉在拌合前晒干，以利拌合均匀。水泥是填料的重要成分，它直接影响接口的密封性、填料的强度、填料与管壁间的黏聚力。作为接口材料的水泥不应低于 32.5 级，不允许使用过期或结块水泥。石棉水泥填料的配合比（重量比）一般为石棉∶水泥＝3∶7，水占干石棉水泥混合重量的 10%，气温较高时适当增加。石棉和水泥可集中拌制成干料，装入桶内，每次干拌填料不应超过一天的用量，使用时随用随加水湿拌成填料，加水拌合石棉水泥应在 1.5h 内用完，否则影响质量。

2. 接口　在已经填打合格的油麻或橡胶圈承口内，将拌合好的石棉水泥，用捻灰錾自下而上往承口内填塞。其填塞深度、捻打遍数及使用錾子的规格，各地区有所不同，参考表 2-9。

石棉水泥填打方法　　**表 2-9**

管径（mm）	75～450			500～700		
打法	四填八打			四填十打		
填灰遍数	填灰深度	使用錾号	击打遍数	填灰深度	使用錾号	击打遍数
1	1/2	1号	2	1/2	1号	3
2	剩余的 2/3	2号	2	剩余的 2/3	2号	3
3	填平	2号	2	填平	2号	2
4	找平	2号	2	找平	3号	2

当接口填平嵌料与填打密封材料采用流水作业时，两者至少相隔 2～3 个管口，以免填打嵌料时影响填打密封料的质量。填打石棉水泥时，每遍均应按规定深度填塞均匀，用 1、2 号錾子；打两遍时贴承口打一遍，靠插口打一遍；打三遍时，再靠中间打一遍；每打一遍，每錾至少打击三下，錾子移位应重叠 1/2～1/3，最后一遍找平时用力稍轻。填料表面呈灰黑色，并有较强的回弹力。管径小于 300mm，一般每个管口安排一人操作；管径大于 300mm，一般每个管口安排两人操作。

3. 养护：石棉水泥接口填打完毕，应保持接口湿润，一般可用湿黏土糊盖接口处，夏季可覆盖淋湿的草帘，定时洒水，一般养护 24h 以上。养护期间管道不准承受振动荷载，管内不得承受有压的水。

4. 填打水泥的方法按管径大小决定，一般管径 75～400mm 时采用“四填八打”；管径 500～700mm 时采用“四填十打”；管径 800～1200mm 时采用“五填十六打”。填打石棉水泥应注意以下几点：①油麻填打与石棉水泥填土至少相隔 2 个口，分开填打，以避免打麻时因振动而影响接口质量；②填打石棉水泥应用检尺检查填料深度，保持环形间隙在允许误差的范围之内；③石棉水泥接口不宜在气温低于－5°C 的冬期施工。石棉水泥接口填打合格后，应及时采取湿养护。石棉水泥接口的质量标准是配比应准确、打口后的接口外表面灰黑而光亮、凹进承口 1～2mm、深浅一致、用麻錾用力连打数下表面不再凹入为合格。

石棉水泥：是纤维加强水泥，有较高的强度，采用软－4 级或软－5 级石棉绒与不低于 32.5 级普通硅酸盐水泥加水混合的石棉水泥。常作为铸铁管承插口的填料。石棉是一种非金属矿物纤维，具有耐腐蚀、隔热好、不燃烧的特性，常用于保温材料。

汽车式起重机释义见定额编号 5-1～5-15 承插铸铁管安装（青铅接口）相关释义。

三、承插铸铁管安装（膨胀水泥接口）

工作内容：检查及清扫管材、切管、管道安装、调制接口材料、接口、养护。

定额编号　5-31～5-45　承插铸铁管安装（膨胀水泥接口）　P8～P9

［应用释义］　膨胀水泥接口：是指以承插的形式连接并且接口是膨胀水泥接口，也就是指密封填料部分是膨胀水泥。膨胀水泥在水化过程中体积膨胀、密度减小、体积增加，提高水密性和管壁的粘结力，并产生密封性微气泡，提高接口抗渗性。

施工过程如下：

1. 材料的配比与拌制。水泥：接口用的膨胀水泥是标号不低于 400 号的石膏矾土膨胀水泥或硅酸盐膨胀水泥。出厂超过三个月者经试验证明其性能良好方可使用，自行配制膨胀水泥时，必须经过技术鉴定合格才能使用。接口所用的砂子应是洁净的中砂，最大粒径小于 1.2mm，含泥量小于 2%。膨胀水泥砂浆的配合比为膨胀水泥：砂：水＝1：1：0.3，当气温较高或风力较大时，用水量可酌量增加，但最大水灰比不宜超过 0.35。膨胀水泥砂浆拌合应均匀，外观颜色一致。在使用地点加水，一般干拌三遍，加水后再拌三遍，应随用随拌，一次拌灰量应在初凝期内完成。

2. 膨胀水泥砂浆的填捣。填膨胀水泥砂浆之前，用探尺检查嵌料层深度是否正确，然后用清水湿润接口缝隙，膨胀水泥砂浆应分层填入、分层捣实，捣实时应一錾压一錾，通常以三填三捣为宜，最外一层找平，凹进承口 1～2mm，冬季气温低于－5°C 时，不宜进行膨胀水泥接口。具体操作方法见表 2-10。

填膨胀水泥砂浆的三填三捣法　　表 2-10

填料遍数	填料深度	捣实方法
第一遍	至接口深度的 1/2	用錾子捣实即可，切勿用锤击实
第二遍	填至承口边缘	用錾子均匀捣实
第三遍	找平成活	捣至表面反浆，比承口凹进 1～2mm，刮去多余灰浆，找平表面

3. 膨胀水泥砂浆接口的养护：膨胀水泥接口完成后，应立即用浇湿草袋（或草帘）覆盖，1～2h后定时浇水，使接口保持湿润状态，也可以用湿泥养护，接口填料终凝后，管内可充水养护，但水压不得超过0.1～0.2MPa。

膨胀水泥：一种是硅酸盐水泥、高铝水泥和石膏按一定比例共同磨细或分别粉磨再经混匀而成，另一种铝酸盐型的是以高铝水泥熟料和二水石膏磨细而成的。

四、承插铸铁管安装（胶圈接口）

工作内容：检查及清扫管材、切管、管道安装、上胶圈。

定额编号 5-46～5-58 承插铸铁管安装（胶圈接口） P10～P11

[应用释义] 胶圈接口：管道接口是管道施工中的主要工序，也是管道安装中保证工程质量的关键。管道种类较多，承插式分刚性接口和柔性接口，胶圈接口是承插式柔性接口。它的密封材料是橡胶圈，橡胶圈在接口中处于受压缩状态，起到防渗作用。橡胶圈接口性能见表2-11。

橡胶圈接口性能 **表 2-11**

口型 / 项目	梯唇形接口 D=200mm	机械接口 D=150mm
密封压	0～3.0MPa	0～2.2MPa
弯曲折角	在0～1.4MPa水压下5°～70°	在0～1.0MPa水压下55°
转向位移	在0～1.4MPa水压下0～30mm	在0～1.4MPa水压下0～30mm
耐振性	可耐烈度9度以下地震	在1.0MPa水压下以3.5Hz，振幅6.2mm，振动3min未漏

1. 滑入式橡胶圈接口操作：

(1) 清理承口：清刷承口，铲去所有粘结物，并擦洗干净。

(2) 清理橡胶圈：清擦干净，检查接头、毛刺、污斑等缺陷。

(3) 上胶圈：把胶圈上到承口内。由于胶圈外径比承口凹槽内径稍大，故嵌入槽内后需要手沿圆内轻轻压一遍，使均匀一致卡在槽内。

(4) 刷润滑剂：用厂方提供的润滑剂或用肥皂水均匀地刷在胶圈内表面和插口工作面上。

2. 接口：完成上述步骤后，将插口中心对准承口中心，安装好顶推工具，使其就位，扳动手拉葫芦，均匀地将插口推入承口内。注意以下几点：

(1) 胶圈接口的内径一般应为插口外径的0.85～0.87倍。

(2) 胶圈应有足够的压缩量。胶圈直径应为承插口间隙的1.4～1.6倍（圆形截面时）或其厚度为承插口间隙的1.35～1.45倍或胶圈截面直径的选择按胶圈填入接口后截面压缩率小于等于34%～40%为宜。

$$压缩率=\frac{胶圈截面直径-接口间隙}{胶圈截面直径}\times 100\%$$

(3) 胶圈接口应尽量采用胶圈推入器，使胶圈在装口时滚入接口内。

胶圈：是由橡胶经加工而制成的垫圈。胶圈具有较好的弹性、伸缩性，密封性能良好，而且具有较好的压缩量，并取代油麻作为承插口理想的内层填料。

公称直径：见第一章管道安装第一节说明应用释义第六条释义。

五、球墨铸铁管安装（胶圈接口）

工作内容：检查及清扫管材、切管、管道安装、上胶圈。

定额编号　5-59～5-71　球墨铸铁管安装（胶圈接口）　P12～P13

[应用释义]　球墨铸铁管释义见第一章管道安装第一节说明应用释义第一条。

球墨铸铁管不仅具有铸铁管的耐腐蚀性和钢管的韧性和强度，而且具有耐冲击，耐振动、管壁薄等优点。相同管径时它比铸铁管节省材料 30%～40%，是普通铸铁管、钢管和 PVC 管的更新换代产品，耐压能力在 3MPa 以上，管径 80～2000mm，有效长度 4～6m，常用的连接方式有"T"形滑入式连接和法兰连接，安装过程中不需要水、电，只需简单的工具，可使施工速度加快，工期缩短，降低工程的安装费用。

胶圈接口释义见定额编号 5-46～5-58 承插铸铁管安装（胶圈接口）相关释义。

上胶圈：把胶圈上到承口内。由于胶圈外径比承口凹槽内径稍大，故嵌入槽内后，需用手沿圈内轻轻压一遍，使其均匀一致卡在槽内。

润滑油：指管道安装、切割时，为降低工作时摩擦阻力并降低温度的一种有机液体，如机油等，一般常用 5 号～7 号机油。

汽车式起重机释义见定额编号 5-1～5-15 承插铸铁管安装（青铅接口）相关释义。

管道安装：应将管中心、高程逐节调整正确，逐节测量承口内径、插口外径及其椭圆度，按照承插口配合的间隙选择合适的胶圈。一般管子中心定位用边线法，高程控制用水准仪直接测量。当精度合格后，方可进行下一步工序施工。管道安装必须稳固；管底坡不得倒流水；缝宽应均匀；管道内不得有泥土、砖石、砂浆、木块等杂物。

1. 中心线法：在沟槽上口每隔一定距离（一般不大于 20m），埋设坡度板，在坡度板上找到管道的中心位置，钉上中心钉，然后用 20 号左右的钢丝拉紧——即管道中心法。

2. 边线法：管道安装前，先在管道一侧的沟槽壁上钉一排边桩，其高度接近管中心。在每个边桩上钉一个小钉，在小钉上用细线绳拉一条边线使之与管道中心保持一常数值，该边线是管道中线的平行线；稳管时，使管外皮与边线保持同一间距，则表明管道中心处于设计轴线的位置——即管道边线法。

六、预应力（自应力）混凝土管安装（胶圈接口）

工作内容：检查及清扫管材、管道安装、上胶圈，对口，调直、牵引。

定额编号　5-72～5-83　预应力（自应力）混凝土管安装（胶圈接口）　P14～P15

[应用释义]　预应力混凝土管：作压力给水管，可代替钢管、铸铁管，降低工程造价，是我国目前常用的给水管材，成本低，耐腐蚀性远优于金属管材。承插式预应力混凝土管缺点是自重大、运输及安装不便，而且采用振动挤压工艺生产的预应力混凝土管由于内模经长期使用，承口误差会随之增大，插口误差大，严重影响接口质量。预应力混凝土管规格：公称直径 *DN*400～2000，有效长度 5m，静水压力为 0.4～1.2MPa。预应力混凝土管胶圈接口一般为圆形胶圈（"O"形胶圈），能承受 1.2MPa 的内压力和一定量的沉陷、错口和弯折，抗震性能良好，在地震烈度为 10 度～11 度区内，接口无破坏现象。胶圈埋入地下耐老化性能好，使用期可长达数十年。

预应力混凝土：在混凝土构件加荷之前，对其受拉区以某种方法预先施加压力，使之产生预压应力，在外荷作用下，混凝土的预压应力将抵消由于外荷作用引起的拉伸变形，保持构件不出现裂缝而能长期工作。

自应力混凝土管：见第一章管道安装第一节说明应用释义第一条释义。

管道安装：见定额编号 5-59～5-71 球墨铸铁管安装（胶圈接口）相关释义。

坡度板：常用 50mm 厚木板，长度根据沟槽上口宽，一般跨槽每边不小于 500mm，埋设必须牢固。

对口：检查管节尺寸，调整管子纵向的位置，并校正对口间隙尺寸、错位、找平等，遇到不同壁厚的管节对口时，管壁厚度相差不得大于 3mm，当大于 3mm 时应将接口边缘处削成坡口使壁厚一致。

混凝土管的检查：是指在管道施工前一项准备工作。检查内容如下：

1. 混凝土管的管节内外应无裂纹、蜂窝、空鼓、露筋、保护层脱落、接口掉角等缺陷。

2. 对承插口管道，其承插口工作面要求光滑平整，应逐节测量承口内径、插口外径及其椭圆度，按照承插口配合的间隙选择合适的胶圈。

3. 使用的管材必须有质量检查部门的试验合格证，注意管子的出厂日期，对于出厂时间过长、质量降低的管子应经水压试验合格后方可使用。

七、塑料管安装（粘结）

工作内容：检查及清扫管材、管道安装、粘结、调直。

定额编号 5-84～5-91 塑料管安装（粘结） P16

[**应用释义**] 塑料管：非金属材料，具有易加工、造价低，耐腐蚀等优点。硬聚氯乙烯管（UPVC）是目前国内推广应用塑料管中的一种管材，与金属管道相比，具有重量轻、耐压强度好、阻力小、耐腐蚀、安装方便、投资省、使用寿命长等优点。为了保证施工质量，硬聚氯乙烯管管材及配件在运输装卸及堆放过程中严禁抛扔或激烈碰撞，应避免阳光曝晒，若存放期较长，则应放置于棚库内以防变形和老化。UPVC 管材堆放时，应放平垫实，堆放高度不宜超过 1.5m。硬聚氯乙烯管可输送多种酸、碱、盐及有机溶剂，使用温度范围为－14～40℃，最高温度不得超过 60℃。使用压力范围，轻型管在 0.6MPa 以下，重型管在 1.0MPa 以下。

粘结：硬聚氯乙烯管粘结接口只适用于管外径小于 160mm 管道的连接，选用适合的胶粘剂，胶粘剂具有良好的性能，能将管材或管件粘结起来。

胶粘剂的性能要求：

1. 粘结力和内聚力强，易于涂在接合面上；

2. 固化时间短；

3. 硬化的粘结层对水不产生任何污染；

4. 粘结的强度应满足管道的使用要求，另外，若发现胶粘剂有沉淀、结块时不得使用。

调直：将连接管道的插口对准承口，保持插入管段的平直，用手动葫芦或其他拉力机械将管一次插入至标线，不能使管道发生扭曲，并在粘结时一定要保持承插接口的直度和接口位置的正确。

八、塑料管安装（胶圈接口）

工作内容：检查及清扫管材、管道安装、上胶圈、对口、调直。

定额编号　5-92～5-99　塑料管安装（胶圈接口）　P17

［应用释义］　胶圈接口：采用圆形截面橡胶圈作为接口嵌缝材料。胶圈具有弹性、水密性好，当承口和插口产生一定量的相对轴向位移或角位移时，也不会渗水，这种接口形式又称半柔性接口，但成本稍贵，常用在重要管线铺设或土质较差地区。选用的橡胶圈应颜色均匀、材质致密，在拉伸状态下，无肉眼可见的游离物、渣粒、气孔、裂缝等缺陷。使用和贮存橡胶圈时，应防止日照并远离热源，不得与溶解橡胶的溶剂（油、苯）以及酸、碱、盐、二氧化碳等物质接触，以尽量延长老化的时间。

塑料管：按制造原料的不同，分为硬聚氯乙烯管（UPVC管）、聚乙烯管（PE管）和工程塑料管（ABS管）等。塑料管的共同特点是质轻、耐腐蚀性好、管内壁光滑、流体摩擦阻力小、使用寿命长，可替代金属管用于建筑给排水、城市给排水、工业给排水和环境工程。

1. 硬聚氯乙烯管（UPVC管）：按采用的生产设备及其配方工艺，UPVC管分为给水用UPVC和排水用UPVC管。

给水用UPVC管及管件：给水用UPVC管的质量要求是用于制造UPVC管的树脂中，已被国际医学界普遍公认的对人体致癌物质——氯乙烯单体不得超过5mg/kg。对生产工艺上所要求添加的重金属稳定剂等一些助剂，应符合《给水用硬聚氯乙烯（PVC-U）管材》GB/T 10002.1—1996，给水用UPVC管材分3种形式：

(1) 平头管材；

(2) 粘结承口端管材；

(3) 弹性密封圈承口端管材。管材的公称压力分两个等级0.63MPa和1.0MPa。给水用UPVC管规格如下表2-12：

给水用硬聚氯乙烯管规格　　**表2-12**

外径/mm		壁厚/mm			
		公称压力			
		0.63MPa		1.0MPa	
基本尺寸	允许误差	基本尺寸	允许误差	基本尺寸	允许误差
20	0.3	1.6	0.4	1.9	0.4
25	0.3	1.6	0.4	1.9	0.4
32	0.3	1.6	0.4	1.9	0.4
40	0.3	1.6	0.4	1.9	0.4
50	0.3	1.6	0.4	2.4	0.5

续表

外径/mm		壁厚/mm			
		公称压力			
		0.63MPa		1.0MPa	
基本尺寸	允许误差	基本尺寸	允许误差	基本尺寸	允许误差
65	0.3	2.0	0.4	3.0	0.5
75	0.3	2.3	0.4	3.6	0.6
90	0.3	2.8	0.5	4.3	0.7
110	0.4	3.4	0.5	5.3	0.8
125	0.4	3.9	0.6	6.0	0.8
140	0.5	4.3	0.7	6.7	0.9
160	0.5	4.9	0.7	7.7	1.0
180	0.6	5.5	0.8	8.6	1.1
200	0.6	6.2	0.9	9.6	1.2
225	0.7	6.9	0.9	10.8	1.3
250	0.8	7.7	1.0	11.9	1.4
280	0.9	8.6	1.1	13.4	1.6
315	1.0	9.7	1.2	15.0	1.7

给水用UPVC管件按不同用途和制作工艺分为六类：

(1) 注塑成型的UPVC粘结管件；

(2) 注塑成型的UPVC粘结变径接夹管件；

(3) 转换接头；

(4) 注塑成型的UPVC弹性密封圈承口连接件；

(5) 注塑成型UPVC弹性密封圈与法兰连接转换接头；

(6) 用UPVC管材二次加工成型的管件。

近年来，给水用UPVC管发展很快，主要表现在下面几个方面：(1) UPVC管材的压力等级由两种扩展到四种：即Ⅰ型（0～0.5MPa）；Ⅱ型（0.4～0.63MPa）；Ⅲ型（0.63～1.0MPa）；Ⅳ型（1.0～1.6MPa）。(2) 管径：管径已由*DN*20～315扩展到*DN*16～710。国内已能生产*DN*710的给水用UPVC管；(3) 管件：随着管径的发展，与大口径管配套的玻璃钢增强UPVC管件及由工程塑料（ABS）为材质的管件已开始应用于长距离输水工程；(4) 连接方法：采用粘结和弹性密封圈连接两种。

2. 聚乙烯塑料管（PE管）：聚乙烯塑料管多用于压力在0.6MPa以下的给水管道，以代替金属管，主要用于建筑内部给水，多采用热熔连接和螺纹连接，其管件也为聚乙烯制品。如表2-13所示。

聚乙烯管规格　　表 2-13

外径	壁厚	长度	近似重量		外径	壁厚	长度	近似重量	
mm		m	kg/m	kg/根	mm		m	kg/m	kg/根
5	0.5	≥4	0.007	0.028	40	3.0	≥4	0.321	1.28
6	0.5		0.008	0.032	50	4.0		0.532	2.13
8	1.0		0.020	0.080	63	5.0		0.838	3.35
10	1.0		0.026	0.104	75	6.0		1.20	4.80
12	1.5		0.040	0.184	90	7.0		1.68	6.72
16	2.0		0.081	0.324	110	8.5		2.49	9.96
20	2.0		0.104	0.416	125	10.0		3.32	13.3
25	2.0		0.133	0.532	140	11.0		4.10	16.4
32	2.5		0.213	0.852	160	12.0		5.12	20.5

聚乙烯类铝复合管是目前国内外都在大力发展和推广应用的新型塑料管金属复合管，该管由中间层纵焊铝管，内外层为聚乙烯以及铝管内外层聚乙烯之间的热熔胶共挤复合而成。具有无毒、耐腐蚀、质轻、机械强度高、耐热性能好、脆化温度低、使用寿命较长等特点，一般用于建筑内部工作压力不大于1.0MPa的冷、热水、空调、采暖和燃气管等管道，是镀锌管和铜管的替代产品。这种管材属小管径材料，卷盘供应，每卷长度一般为50～200m。如表 2-14 所示。

聚乙烯类铝复合管规格　　表 2-14

外径×壁厚（mm）	外径（mm）	内径（mm）	壁厚（mm）	管重（kg/m）	卷长（m）	卷重（kg）
14×2	14	10	2	0.098	200	19.6
16×2	16	12	2	0.102	200	20.4
18×2	18	14	2	0.156	200	31.2
25×2.5	25	20	2.5	0.202	100	20.2
32×3	32	26	3	0.312	50	15.7

3. 聚丙烯管（PP管）：聚丙烯管是以石油炼制厂的丙烯气体为原料聚合而成的聚烃族热塑性管材。由于原料来源丰富，因此价格便宜，聚丙烯管是热塑性管材中材质最轻的一种管材，密度为0.91～0.92g/cm^3，呈白色蜡状，比聚乙烯透明度高，强度、刚度和热稳定性也高于聚乙烯管。我国生产的聚丙烯管根据轻工业部部颁标准 QB1929—93 规定：管材按最大连续工作压力分为 0.25MPa、0.4MPa、0.6MPa、1.0MPa、1.6MPa、2.0MPa 六个等级。聚丙烯管多用作化学废料排放管、化验室排水管、盐水处理管及盐水管道；由于材质轻、吸水性差及耐腐蚀，常用于灌溉水处理及农村给水系统。在国外，聚丙烯管广泛用于建筑物的室内地面加热供暖管道。

4. 聚丁烯管（PB管）：聚丁烯管重量很轻（相对密度为0.925），该管具有独特的抗徐变（冷变形）性能，故机械密封接头能保持紧密，抗拉强度在屈服极限以上时，能阻止变形，使之能反复绞缠而不折断。聚丁烯管材在温度低于80℃时，对皂类、洗涤剂及很多酸类、碱类有良好的稳定性；室温时对醇类、醛类、酮类、醚类和酯类有良好的稳定性，但易受某些芳香烃类和氯化溶剂侵蚀，温度越高越显著。聚丁烯管在化学性质上不污染，抗细菌、藻类和霉菌。因此可用作地下管道，其正常使用寿命一般为50年。聚丁烯管主要用于给水管、热水管及燃气管管道，在化工厂、造纸厂、发电厂、食品加工厂、矿区等也广泛采用聚丁烯管作为工艺管道。

5. 工程塑料管（ABS管）：工程塑料管是丙烯腈丁二烯—苯乙烯的共混物（三元共聚），属热塑性管材。ABS管质轻，具有较高的耐冲击强度和表面硬度，在－40～100℃范围内仍能保持韧性、坚固性和刚度，并不受电腐蚀和土层腐蚀，因此宜作埋地管线。ABS管表面光滑，具有优良的抗沉积性，能保持热量，不使油污固化、结渣、堵塞管道，因此被认为是在高层建筑内取代排水铸铁管排水、透气的理想管材。国产ABS管按工作压力，分为3个等级：B级为0.6MPa；C级为0.9MPa；D级为1.6MPa，使用温度为－20～70℃。ABS管常用规格为DN15～200，ABS管道用于室内外给水、排水、纯水、高纯水、水处理用管，尤其适合输送腐蚀性强的工业废水、污水等，是一种能取代不锈钢管、铜管的理想管材。

对口：对口是组焊的一个工序，是接口焊接的前期工作。对口工作包括管节尺寸检查、调整管子纵向焊缝间的位置、校正对口间隙尺寸、错位找平等内容。对好口以后才能进行焊接。

润滑油：见定额编号5-59～5-71球墨铸铁管（胶圈接口）相关释义。

调直：钢管具有塑性，在运输装卸过程中容易产生弯曲，弯曲的管子在安装时必须调直，调直的方法有冷调直和热调直两种。冷调直只用于管径较小且弯曲程度不大的情况，否则宜用热调直。

1. 冷调直：管径小于50mm、弯曲度不大时，可用手锤进行冷调直，一把锤垫在管子的起弯点作支点，另一把锤则用力敲击凸起面，两个手锤不移位，对着敲，直至敲平为止，在锤击部位垫上硬木头，以免将管子击扁。

2. 热调直：管径大于50mm或弯曲度大于20°的较小管径，可用热调直。将弯曲的管子放在地炉上，加热到600～800℃，然后抬出放置在用多根管子组成的平台上滚动，热的管子在平台上反复滚动，在重力作用下，达到调直目的。调直后的管子，应放平存放，避免产生新的弯曲。

九、铸铁管新旧管连接（青铅接口）

工作内容：定位、断管、临时加固、安装管件、化铅、塞麻、打口、通水试验。

定额编号 5-100～5-112 铸铁管新旧管连接（青铅接口） P18～P19

［应用释义］ 青铅接口：承插式刚性接口形式的一种，指在承插接头处使用铅作为密封材料。由于铅的来源少、成本高，现在基本上已被石棉水泥或膨胀水泥所代替。铅接口具有较好的防震、抗弯性能，接口的地震破坏率远较石棉水泥接口低；铅接口通水性好，接口操作完毕即可通水，损坏时容易修理；由于铅具有柔性，当铅接口的管道渗漏时，不必剔口，只需将铅用麻錾锤击即可堵漏。但是铅是有毒物质，能通过呼吸道、口腔和皮肤侵入人体，如果人体吸入过多，就会引起中毒；而且在熔铅时，如果操作不当还会

引起爆炸，所以目前使用铅接口已较少，只有在重要部位，如穿越河流、铁路、地基不均匀沉降地段采用。

铸铁管：一般是由含碳量在1.7%以上的灰口铸铁铸造而成的管材，特点是经久耐用、抗腐蚀性强、性质较脆，多用于给排水和煤气管道。

铸铁插盘短管：铸铁短管作为插口，插口管道管顶到插盘处有一定的斜度，由小到大，插盘上配有螺孔，便于螺栓安装，设在室内排水立管上，设置高度距地坪1.0m，便于立管水的流通。

法兰阀门：阀门由阀体、阀瓣、阀盖、阀杆及手轮等部件组成，在各种管道系统中起开启、关闭以及调节流量、压力等作用。阀门的种类很多，按其动作特点分为驱动阀门和自动阀门两大类。(1) 驱动阀门是用手操纵或其他动力操纵的阀门，如闸阀、截止阀等。(2) 自动阀门是依靠介质本身的流量、压力或温度系数发生的变化而自行动作的阀门，如止回阀、安全阀、浮球阀、液位控制阀、减压阀等。按工作压力分为低压阀门（≤1.6MPa)、中压阀门（2.5～6.4MPa)、高压阀门（≥10MPa)、超高压阀门（>100MPa)。按制造材料，阀门分为金属阀门和非金属阀门两大类。不同类型的阀门连接形式亦不同，由法兰连接而成阀门，如法兰截止阀门。

铸铁三通：同铸铁弯头一样，都是用灰铸铁浇铸而成。常用的规格和压力范围也相同，按其连接方式不同，分为承插铸铁三通和法兰铸铁三通两种。三通是主管道与分支管道相连接的管件，根据制造性质和用途的不同，划分为很多种，从规格上划分，要分为同径三通和异径三通。同径三通是指分支接管的管径与主管管径相同；异径三通是指分支管的管径不同于主管的管径。承插铸铁三通，主要用于给排水管道；给水管道多采用90°正三通；排水管道，为了减少流体的阻力，防止管道堵塞通常采用45°斜三通；法兰铸铁三通，一般都是90°正三通，多用于室外铸铁管。

铸铁套管：套管又称套袖、套筒，用于管道的连接。套管按形状分为同径套管和异径套管，异径套管又称为大小头。施工工程中常用到加热套管，加热套管又分为直管管件全封闭加热套管、直管管件半封闭加热套管，简称为全加热套管和半加热套管。所谓加热套管就是使内管始终处于有外套管加热保温的工作状态；所谓半加热套管，就是内管不能完全用外套管加热保温，有些管件和接头部分要裸露在外面，此时在相邻两侧的外套管用旁通管连接通汽加热。加热套管是在输送生产介质的管道外面，再加一层直径较大的套管，一般把输送生产介质直径较小的管称为内管，把外层直径较大的管称为外管。加热套管是为了防止内管所输送介质因输送过程中温度下降而凝结，所以在内管与外管之间接通蒸汽达到加热保温的目的。

带帽带垫螺栓：螺栓按外形分为六角、方头和双夹螺栓三种；按制造工艺分为粗制、半精制、精制三种。螺栓的表示：粗牙普通螺距的螺栓为公称直径×长度，如M8×10表示公称直径8mm，螺栓长为10mm；细牙普通螺纹螺栓用公称直径×长度×螺纹长度。垫圈分平垫圈和弹簧垫圈两种。垫圈置于被固件与螺母之间，能增大螺母与被紧固件间的接触面积，降低螺母作用在单位面积上的压力，并起保护被紧固件表面不受摩擦损伤的作用。给排水管道工程中常采用平垫圈，弹簧垫圈富有弹性，能防止螺母松动。

氧气：一种气体，化学符号O_2，无色无嗅，能助燃，化学性质很活泼，用途广泛。

乙炔气：一种能够燃烧的气体，化学符号为C_2H_2，与氧气一起作为焊接气体。

镀锌钢丝10号：采用镀锌的钢丝制成的物件，钢丝为10号，在钢丝表面镀一层锌。

焦炭：指木材在隔绝空气的条件下加热得到的无定形炭，黑色、质硬，有很多细孔，用做燃料，也可用来过滤液体和气体，还可做黑色火药。

木柴：一种做燃料或引火用的小块木头。

油麻：见定额编号5-1～5-15承插铸铁管安装（青铅接口）相关释义。

石油沥青：是由石油原油炼制出汽油、柴油、煤油及润滑油之后，再经过处理而成的副产品。特点是韧性较好而且有弹性、温度敏感性较小、大气稳定性较高、老化慢等，但抗腐蚀性较焦油差，建筑上常用于屋面卷材等温度变化较大处，还可做沥青防腐材料、涂料等。

断管：切管、断管是管道加工的一道工序。切断过程常称为下料。管子安装之前，根据所要求的长度将管子切断。切断方法可分为手工切断和机械切断两类。

1. 人工切断主要有钢锯切断、錾断、管子割刀切断、气割。

（1）钢锯切断：钢管、铜管、塑料管都可采用，尤其适合*DN*500以下钢管、铜管的切断。钢锯常用的锯条规格是12″（300mm）×24牙及18牙两种（其中牙数为1英寸长度，为24个牙或18个牙）。薄壁管子锯切时采用牙数多的锯条，手工锯断的优点是设备简单、灵活方便、节省电能、切口不收缩和不氧化。缺点是速度慢、劳动强度大、切口平正较难达到。

（2）管子割刀切断：管子割刀是带有刃口的圆盘形刀片，在压力作用下边进刀边沿管壁旋转，将管子切断，采用管子割刀切管时，必须使滚刀垂直于管子，否则易损坏刀刃。管子割刀适用于管径15～100mm的焊接钢管，此方法具有切管速度快、切口平正的优点，但产生缩口，必须用绞刀刮平缩口部分。

（3）錾断：主要用于铸铁管、混凝土管、钢筋混凝土管、陶土管，所用工具为手锤和扁錾。为了防止将管口錾扁，可在管子上预先划出垂直于轴线的錾断线，方法是用整齐的厚纸板或油毡纸圈在管子上，用磨薄的石笔在管子上沿样板边划一圈即可。錾切效率低、切口不够整齐、管壁厚薄不匀时、极易损坏管子，通常用于缺乏机具条件下或管径较大情况下使用。

（4）气割：利用氧气和乙炔气的混合气体燃烧时所产生的高温（约3100～3300℃），使被切割的金属熔化而生成四氧化三铁熔渣，熔渣松脆易被高压氧气吹开，使管子或型材切断，手工气割采用射吸式割炬（也称为气割枪或割刀）。气割的速度较快，但切口不整齐、有铁渣，需要用钢锉或砂轮打磨和除去铁渣。气割常用于*DN*100以上的焊接钢管、无缝钢管的切管，不适合铜管、不锈钢管、镀锌钢管。此外，各种型钢、钢板也常用气割切断。

2. 机械切断：①砂轮切割机，原理是高速旋转的砂轮片与管壁接触磨削，将管壁磨透切断。砂轮切割机适合于切割*DN*150以下的金属管材，它既可切直口也可切斜口，又可用于切割塑料管和各种型钢，是目前施工现场使用最广泛的小型切割机具。②套丝机切管，适合施工现场的套丝机均配有切管器，它同时具有切管、坡口（倒角）、套丝的功能。套丝机用于*DN*≤100焊接钢管的切断和套丝，是施工现场常用的机具。*a*. 坡口：钢管焊接时，若采用电弧焊方法，则必须用坡口形式，以保证焊接质量，因为焊缝必须达到一定熔深，才能保证焊缝的抗拉强度。管子需不需要坡口，与管子的壁厚有关。管壁厚度在

6～12mm，采用V形坡口焊缝；管壁厚度大于12mm，而且管径尺寸允许工人进入管内焊接时，应采用X形坡口焊缝。*b.* 套丝：管道安装过程中，要给管端加工使之产生螺纹以便连接。管螺纹加工过程叫套丝。一般分为手工和机械加工两种方法，即采用手工绞板和电动套丝机。这两种套丝机构基本相同，即绞板上装有四块板牙，用以切削管壁产生螺纹，套出的螺纹应端正、光滑无毛刺、无断丝缺口、螺纹松紧度适宜，以保证螺纹接口的严密性。*c.* 专用管子切割机：国内外用于不同管材、不同口径和壁厚的切割机很多，国内已开发生产了一些产品，如大直径钢管切断机，可以切断 *DN*75～600、壁厚12～20mm的钢管，这种切断机较为轻便，对埋于地下的管道或其他管网的长管中间切断尤为方便。

钢锯条：人工手锯法切断管时常用的工具，长度有200mm、300mm、500mm三种规格，按每25mm长度包括多少齿，可分为18齿和24齿两种规格。

化铅：在化铅前检查嵌缝材料填打情况，承口内擦洗干净保持干燥，然后将特制的布卡箍或泥绳贴在承口外端，上方留一灌铅口，用卡子将布卡箍卡紧，卡箍与管壁接缝处用湿土抹严以防漏铅，灌铅和化铅人员配带石棉手套、眼镜。化铅是将铅加热到铅的熔点，以呈液体状态，便于接口中灌铅操作。

通水试验：管道灌满水后，在不大于工作压力下充水浸泡，铸铁管、球墨铸铁管和钢管在无水泥砂浆衬里时，浸泡时间不少于24h；有水泥砂浆衬里时，浸泡时间不少于48h。其注水高度应不低于底层地面高度，检验标准是以满水15min后，再灌满延续5min，液面不下降为合格。

塞麻：指填塞油麻，一般油麻的填塞深度和密封材料的性质有关，其中以石棉水泥为密封材料时填麻深度约为承口总深的1/3；以铅为密封材料时其填麻深度约距承口水线里缘5mm为宜。对不同管径的承插口铸铁管接口填麻深度及用量均不同。填塞是指将长度大于管径50～100mm的若干根油麻按一定方向拧紧，粗细应是承插口间隙的1.5倍左右，然后穿过管道底部，用力拉紧附在承口处，用麻錾将油麻往接口间隙中填塞击打，以防止管道渗水、漏水。

十、铸铁管新旧管连接（石棉水泥接口）

工作内容：定位、断管、临时加固、安装管件、接口通水试验。

定额编号　5-113～5-125　铸铁管新旧管连接（石棉水泥接口）P20～P21

［应用释义］　石棉水泥接口释义见定额编号5-16～5-30承插铸铁管安装（石棉水泥接口）释义。

石棉应选用机选4F级温石棉，水泥采用32.5级普通硅酸盐水泥，不允许使用过期或结块的水泥。石棉水泥填料的重量配合比是石棉：水泥：水＝3：7：1～2。石棉水泥填料配制时，石棉绒在拌合前应晒干，并用细竹棍轻轻敲打，使之松散，先将称重后的石棉绒和水泥拌均匀后，然后加水拌合，加水多少现场常凭手感潮而不湿即可，拌好的石棉水泥其色泽为藏灰，宜用湿布覆盖。

1. 水泥是胶凝材料，是填料的主要部分，它决定填料的强度、密封性以及和管壁之间的黏着力。水泥宜选用32.5级，不允许使用过期或结块水泥。

2. 石棉绒：石棉是一种非金属矿物纤维，具有耐腐蚀、隔热好、不燃烧的特性，常用于保温材料。石棉绒是石棉制品的一种，广泛用于管道接口，石棉绒是纤维状镁、铁、钙的硅酸盐总称。成分中有12.9%的水，呈纤维状，绿黄色或白色，分裂成絮状时呈白色，丝绢光泽，纤维富有弹性，耐酸，耐碱，耐高温，化学性质不活泼，按化学成分及结晶构造可分为角闪石石棉（青石棉）及蛇纹石石棉（温石棉）两类，石棉又是热和电的不良导体，石墨石棉绒则属成型材料，其截面呈方形或圆形（又称为石棉盘根），规格较多，是各种阀门和水泵水封轴处的填料。

3. 普通硅酸盐水泥：简称普通水泥，代号P·O，是由硅酸盐水泥熟料、6%～15%混合材料、适量石膏磨细制成的水硬性胶凝材料，按强度等级分为32.5、32.5R、42.5、42.5R、52.5、52.5R六种。42.5级的性质：3天内抗压强度达到23.0MPa，28天内达到52.5MPa；3天内抗折强度达到4.0MPa，28天内达到7.0MPa。

水泥32.5级：强度等级为32.5的水泥。水泥具有加水拌合成塑性浆体，能胶结砂石等适当材料，能在空气和水中硬化并形成稳定化合物的性能。硅酸盐水泥是由硅酸盐水泥熟料、0～5%石灰石或粒化高炉矿渣、适量石膏磨细制成的水硬性胶凝材料。

接口：在已经填打合格的油麻或橡胶圈承口内，将拌合好的石棉水泥，用捻灰錾自下而上往承口内填塞，填塞深度根据要求而定。

镀锌钢丝：指在钢丝表面镀一层锌，不易生锈。

汽车式起重机：是将起重机构安装在普通载重汽车或专业汽车底盘上的一种自行式全回转起重机。

橡胶板：高分子化合物制成的板，分为天然橡胶板和合成橡胶板两种，它弹性好、有绝缘性、不透水、不透气。

带帽带垫螺栓：螺栓是有螺纹的圆杆和螺母组合成的零件，用来连接并紧固，可以拆卸。螺母是组成螺栓的配件，中心有圆孔，孔内有螺纹，跟螺栓的螺纹相啮合，用来使两个零件固定在一起，也叫螺帽。垫圈置于被紧固件与螺母之间，能增大螺母与被紧固件间的接触面积，降低螺母作用在单位面积上的压力，并起保护被紧固件表面不受摩擦损伤的作用。

十一、铸铁管新旧管连接（膨胀水泥接口）

工作内容：定位、断管、安装管件、接口、临时加固通水试验。

定额编号 5-126～5-138 膨胀水泥接口 P22～P23

[应用释义] 膨胀水泥：采用硫铝酸盐或铝酸盐自应力水泥，选用粒径0.5～1.5mm的中砂拌合。硅酸盐膨胀水泥是以硅酸盐水泥为主要成分，外加高铝水泥和石膏配制而成的一种水硬性胶凝材料。这种水泥膨胀作用，主要是由于高铝水泥中的铝酸盐矿物和石膏遇水后化合形成具有膨胀性的钙矾石（$3CaO \cdot Al_2O_3 \cdot CaSO_4 \cdot 31H_2O$）晶体，其膨胀值可通过改变高铝水泥和石膏含量来调节。

膨胀水泥接口：膨胀水泥作为密封填料也是给水铸铁管常用的一种刚性接口形式。膨胀水泥在水化过程中体积膨胀增大，提高了水密性和与管壁的粘结力，并产生密封性微气泡提高接口的抗渗性。膨胀水泥砂浆接口所用的水泥为石膏矾土膨胀水泥或硅酸盐膨胀水泥，其强度宜为425号，出厂超过3个月者，需经试验证明其性能良好方可使用。接口所用的砂子应是洁净的中砂，粒径为0.5～1.5mm，含泥量小于2%。膨胀水泥砂浆的配合比为膨胀水泥：砂：水＝1：1：0.3，当气温较高或风力较大时，用水量可酌量增加，但最大水灰比不宜超过0.35。

石棉：是一种非金属矿物纤维，具有耐腐蚀、隔热好、不燃烧的特性，常用于保温材料。石棉绳是石棉制品中的一种，它广泛用于管道的接口。石墨石棉绳则属成型材料，其截面呈方形或圆形（又称为石棉盘根），规格较多，是各种阀门和水泵水封轴处的填料。石棉绒是纤维状镁、铁、钙的硅酸盐总称，成分中有12.9%的水，呈纤维状，绿黄色或白色，分裂成絮状时呈白色，丝绢光泽，纤维富有弹性，化学性质不活泼，按化学成分及结晶构造可分为角闪石石棉（青石棉）及蛇纹石石棉（温石棉）两类。石棉耐酸、耐碱、耐高温，是热和电的不良导体。

十二、钢管新旧管连接（焊接）

工作内容：定位、断管、安装管件、临时加固、通水试验。

定额编号　5-139～5-152　焊接钢管新旧管连接　P24～P25

[应用释义]　钢管：具有耐高压、韧性好、耐振动、管壁薄、重量轻、管节长、接口少、加工接头方便等优点。钢管分为焊接钢管和无缝钢管，焊接钢管又分为直缝钢管和螺旋焊缝钢管。

1. 焊接钢管：又称为有缝钢管，由易焊接的碳素钢制造，常用于冷热水和煤气的输送，因此又称为水煤气管。为了防止焊接钢管腐蚀，将焊接钢管内外表面加以镀锌，这种镀锌焊接钢管在施工现场习惯地称为白铁管，而未镀锌焊接钢管称为黑铁管。镀锌焊接钢管，常用于输送介质要求比较洁净的管道，不镀锌的焊接钢管，用于输送蒸汽、煤气，压缩空气和冷凝水等。焊接钢管按管壁厚度不同，分为薄壁钢管、加厚钢管和普通钢管。工艺管道上用量最多的是普通钢管，试验压力为2.0MPa，加厚钢管的试验压力为3.0MPa。焊接钢管以公称通径表示，其最大的公称通径为150mm，常用的公称通径为DN15～100，管材长度为4～10m。①直缝钢管：是钢板分块经卷板机卷制成型，再经焊接而成，属低压流体输送用管，主要用于水、煤气、低压蒸汽及其他流体。②螺旋缝焊接钢管：是一种大口径钢管。用于水、煤气、空气和蒸汽等一般低压流体输送的螺旋缝焊接钢管，是以热轧钢带卷作管坯，在常温下卷曲成型，采用双面自动埋弧焊或单面焊法制成，也可采用高频搭接焊。

2. 无缝钢管：按制造材质可分为碳素无缝钢管、低合金无缝钢管和不锈耐酸无缝钢管。按公称压力可分为低压（$0<PN\leqslant1.6$MPa）、中压（$1.6<PN\leqslant10$MPa）、高压（$PN>10$MPa）三类。按材质分类介绍：①碳素无缝钢管，常用的制造材质为10号、20号、35号钢。其规格范围为公称直径15～500mm，单根管长度4～12m。允许操作温度为－40～45℃，广泛用于各种对钢无腐蚀性的介质管道，如输送蒸汽、氧气，压缩空气和油品、油气等。②低合金无缝钢管，通常是指含一定比例铬钼金属的合金钢管，也称铬钼钢管。常用的钢号有12CrMo、15CrMo，Cr5Mo等。其规格范围为公称直径15～500mm，单根管长度为4～12m，适用温度范围为－40～570℃。低合金无缝钢管，用于输送各种温度较高的油品、油气和腐蚀性不强的盐水、低浓度有机酸等。③不锈耐酸无缝钢管，根据铬、镍、钛各金属不同含量，品种很多，有1Cr13、Cr17Ti、Cr18Ni12Mo2Ti、1Cr18Ni9Ti等，这些钢号中用量最多的是1Cr18Ni9Ti，在施工图上常用简化材质代号表示。各种不锈耐酸无缝钢管的适用温度范围－190℃～600℃，在化工生产中用来输送各种腐蚀性较强的介质，如硝酸和尿素等。④高压无缝钢管，其制造材质与上面介绍的无缝钢管基本相同，只是管壁比中低压无缝钢管要厚，最厚的管壁在 60mm 以上。其规格范围为管外径 24～235mm，单根管长度为 4～12m，适用压力范围 10～32MPa，工作温度为－40～400℃。在石油化工装置中用以输送原料气、氮气、合成气、水蒸气、高压冷凝水等介质。

钢板卷管：是由钢板卷制焊接而成，分为直缝卷焊钢管和螺旋卷焊钢管两种。直缝卷焊钢管少数在施工现场制造或委托加工厂制造，专业钢管厂不生产，钢板材料有 Q235、10 号、20 号、16Mn、20g 等，其规格范围为公称直径 200～300mm，最大的有 4000mm，壁厚一般为 4～15mm，单根长度公称直径 200～900mm 的为 6.4m；公称直径为 1000～3000mm 的为 4.8m。适用工作温度，Q235 为－15～300℃；10 号、20 号、16Mn 为－40～450℃；20g 为－40～480℃，均适用于低压范围。螺旋卷焊钢管，由钢管制造厂生产，材质有 Q235、16Mn，其规格范围为公称直径 200～700mm，壁厚 7～10mm，单根长度 8～18m，适用工作温度 Q235 为－15～300℃；16Mn 为－40～450℃，操作压力 Q235 为 2.5MPa；16Mn 为≤4MPa。

法兰释义见第一章管道安装第一节说明应用释义第一条相关释义。

橡胶板：由橡胶加工制成的优良垫圈材料，具有较高的弹性，所以密封性能良好，橡胶板按其性能可分为普通橡胶板、耐热橡胶板、夹布橡胶板、耐酸碱橡胶板等。在给排水管道工程中，常用含胶量为 30％左右的普通橡胶板和耐酸碱橡胶板作垫圈，这类橡胶板属中等硬度，既具有一定的弹性又具有一定的硬度，适用于温度不超过 60℃、公称压力小于或等于 1MPa 的水、酸、碱及真空管路的法兰上。

石棉橡胶板：一种特殊的橡胶板，是用橡胶、石棉及其他填料经过压缩制成的优良垫圈材料，广泛地用于热水、蒸汽、煤气、液化气以及酸、碱等介质的管路上。石棉橡胶板分为普通石棉橡胶板和耐油石棉橡胶板两种，普通石棉橡胶板按其性能又分为低、中、高压三种，低压石棉橡胶板适用于温度不超过 200℃、公称压力小于或等于 1.6MPa 的给排水管路上；中、高压石棉橡胶板一般用于工业管路上。

焊接：钢管连接的主要形式。焊接的方法有手工电弧焊、气焊、手工氩弧焊、埋弧自动焊、埋弧半自动焊、接触焊和气压焊等。在实际中，电焊、气焊常常被采用，电焊焊缝的强度比气焊焊缝较高，并且比气焊经济，因此优先采用电焊焊接，只有公称直径小于 80mm、壁厚小于 4mm 的管子才用气焊焊接。

见第一章管道安装第一节说明应用释义第一条释义。

断管：即切断管道，是管道加工的一道工序。切断过程称为下料，对管子切口的质量要求：1. 管道切口要平齐，即断面与管子轴线要垂直，切口不正会影响套丝、焊接、粘结等接口质量。2. 管口内外无毛刺和铁渣以免影响介质流动。3. 切口不应产生断面收缩，以免减小管子的有限断面积从而减少流量。管道切断的方法可分为手工切断和机械切断，手工切断主要有钢锯切断、錾断、管子割刀切断、气割；机械切断主要有砂轮切割机切断、套丝机切断、专用管子切割机等。

十三、管道试压

工作内容：制堵盲板、安拆打压设备、灌水加压、清理现场。

定额编号　5-153～5-170　管道试压　P26～P28

［应用释义］　管道试压：管道安装完毕后，要检查管道承受压力情况和各个连接部位的气密性，要对管道进行系统强度试验和气密性试验。管道试压试验分为液压试验和气压试验两种：

1. 液压实验最好使用自来水。管道灌满水后，应在不大于工作压力下浸泡，铸铁管、球墨铸铁管和钢管在无水泥砂浆衬里时，浸泡时间不少于 24h；有水泥砂浆衬里时，浸泡时间不少于 48h；预应力、自应力混凝土管及现浇或预制钢筋混凝土管渠，管径小于或等于 1000mm 时，不少于 48h；管径大于 1000mm 时，不少于 72h。管道经浸泡后，在试压之前需要进行多次初步升压试验方可将管道内气体排净。

(1) 管道试压标准：管道的试验压力一般施工图纸均注明要求，如果没有注明，可以按表 2-15 进行。

管道水压试验压力（MPa）　　**表 2-15**

管材种类	工作压力 P	试验压力
钢管	P	$P+0.5$ 且不小于 0.9
铸铁及球墨铸铁	≤0.5	$2P$
	＞0.5	$P+0.5$
预应力、自应力混凝土管	≤0.6	$1.5P$
	＞0.6	$P+0.3$
现浇或预制钢筋混凝土管	≥0.1	$1.5P$

(2) 管道强度试验：管道试验时将水压升至试验压力后，保持恒压 10min，经对接口、管身检查无破损及漏水现象，认为管道强度试验合格。

(3) 管道严密性试验：管道试压时，将水压升至试验压力时，应首先进行严密性外观检查，在水压达到试验压力管道无漏水现象时，认为严密性外观检查合格，接着可进一步做渗水量测定。

2. 气压试验：以压缩空气为介质对管道进行强度和严密性试验的一种方法，用于严重缺水地区。气压试验应进行两次，即回填土以前的预先试验和沟槽全部回填后的最后试验。

(1) 管道的预先试验：在预先试验时，应将压力升至强度试验压力，恒压 30min（为保持试验压力，允许向管内补气），若管线和接口未发生破坏，再将压力降至严密性试验压力进行外观检查，如无渗漏现象，则认为合格。

(2) 最后试验，将压力升至强度试验压力，恒压 30min，若管道未发生破坏，则降压至 0.05MPa，再恒压 24h，恒压结束后，将水柱压力计的压力 H_1 调整为 0.03MPa（当用煤油柱压力计时，则调整为 3450mm），并记录试验开始的时间和气压表压力 B_1（mmHg），试验时间终了时，记录管道压力 H_2（MPa）和气压表压力 B_2（mmHg）。试验时间如表 2-16 所示。

长度不大于 1km 的钢管道和铸铁管道气压试验时间和允许压力降值　　表 2-16

管径（mm）	钢管道		铸铁管道	
	试验时间（h）	试验时间内的允许压力降（mm 水柱）	试验时间（h）	试验时间内的允许压力降（mm 水柱）
100mm	0.5	55	0.25	65
125mm	0.5	45	0.25	55
150mm	1	75	0.25	50
200mm	1	55	0.5	65
250mm	1	45	0.5	50

试压泵：泵的扬程和流量应满足试压管段压力和渗水量的需要，一般小口径管道可用手压泵，大中口径管道多用电动柱塞式组合泵（泵车），还可根据需要选用相应的多级离心泵。试压泵能吸入和排出液体，把液体抽出或压入容器，也能把液体送到高处，这里指水压试验所用的泵。

镀锌钢管：是一种焊接钢管，一般由 Q235 号碳素钢制造，它表面镀锌发白，又称白铁管。镀锌钢管常用于输送介质要求比较洁净的管道，如给水、洁净空气等。螺纹连接是钢管连接的常见方式。焊接管在出厂时分两种：管端带螺纹和不带螺纹，一般每根长度为 4～9m，不带螺纹的焊接管每根管材长度为 4～12m，如 $DN50$、$DN80$。

立式钻床：属于金属切削机床，用来加工工件上的圆孔。加工时工件固定在工作台上，钻头一面旋转，一面推进。

钢板：分为厚板和薄板两种，后者是冷成型型钢（常叫冷弯薄壁型钢）的原料之一。厚板的厚度为 45～60mm，薄板的厚度为 0.35～4.0mm，在图纸中钢板用“厚×宽×长”前面附加钢板横断面的方法表示，如：—12×800×2100 等。钢板 50 表示厚为 50mm 的钢板。

制堵盲板：盲板亦称法兰盖，是中间不带管孔的法兰，供管道封口使用。管道试压试验前，试压管道用盲板堵死。

十四、管道消毒、冲洗

工作内容：溶解漂白粉、灌水消毒、冲洗。

定额编号　5-171～5-188　管道消毒、冲洗　P29～P31

[应用释义]　管道冲洗、管道消毒释义见第一章管道安装第一节说明应用释义第一条。

闸阀：又称闸板阀，这种阀门多用于煤气、油类、供水管道等。阀体内有闸板，当闸板被阀杆提升时，阀门便开启，流体通过。其结构形式有明杆和暗杆；闸板有平行式和楔式，平行闸板两边的密封面是平行的，通常分为两个单独加工，再合并在一起使用，所以也把平行式的闸阀称为双闸板闸阀，一般把楔式闸板大多加工成单阀板，这种阀板的加工比双闸板困难。闸阀的优点很多，密封性能好、流体阻力小、开启和关闭比较容易、并且具有一定的调节性能。

漂白粉：指含氯离子化合物 $Ca(ClO)_2$ 与 $Ca(OH)_2$ 的混合物。溶解漂白粉制成消毒溶液，$Ca(ClO)_2$ 与 H_2O、CO_2 反应生成 HClO，HClO 极不稳定易分解生成 Cl_2，而 Cl_2 具有强烈的刺激性，有消毒的作用。

第二章 管道内防腐

第一节 说明应用释义

一、本章定额内容包括铸铁管、钢管的地面离心机械内涂防腐、人工内涂防腐。

［应用释义］ 内防腐：埋设在地下的钢管和铸铁管，很容易腐蚀，为了延长管子的使用寿命，在管内设置衬里材料。根据介质的种类，设置各种不同的衬里材料，如橡胶、塑料、玻璃钢、涂料等，其中以橡胶衬里和水泥砂浆最为常用。

1. 橡胶管道衬里：(1) 橡胶管道的性能：橡胶具有较强的抗化学腐蚀能力，除可被强氧化剂（硝酸、铬酸、浓硫酸、过氧化氢等）及有机溶剂破坏外，对大多数的无机酸，有机酸及各种盐类，醇类等都是耐腐蚀的，可作为金属设备管道的衬里。根据管内输送介质的不同以及具体的使用条件，衬以不同种类的橡胶。衬胶管道一般适用于输送 0.6MPa 以下和 50℃以下的介质。根据橡胶含硫量的不同，橡胶可分为软橡胶、半硬橡胶和硬橡胶，软橡胶含硫量为 2%～4%，半硬橡胶含硫量为 12%～20%，硬橡胶含硫量为 20%～30%。橡胶的理论耐热度为 80℃，如果在温度作用时间不长时，也能耐较高的温度（常达到 100℃），但在灼热空气作用下，会使橡胶老化。橡胶还具有较高耐磨性，适宜做泵和管子的衬里材料，可输送含有大量悬浮物的液体。在化学腐蚀方面，硬橡胶比软橡胶性能强，而且硬橡胶比软橡胶更不易氧化，膨胀变形也小，硬橡胶比软橡胶的抵抗气体透过性强，工作介质为气体时，宜以硬橡胶做衬里。当衬胶层工作温度不变，机械作用不大时，宜采用硬橡胶。采取橡胶衬里管材通常为碳素钢管。(2) 衬胶管的安装，防腐蚀衬胶管道全部用法兰连接。弯头、三通、四通等管件均制成法兰式，预制好的法兰管及法兰管件、法兰阀件均编号，打上钢印，按图安装。

2. 水泥砂浆衬里适用于生活饮用水和常温工业用水的输水管道、铸铁管道和储水罐的内壁防腐蚀。水泥砂浆衬里的质量，应达到表面无脱落、孔洞和突起的最低标准。水泥砂浆衬里常采用喷涂法施工，衬里用的水泥砂浆应混合得十分均匀，且搅拌时间不宜超过 10min，其重量配比，水泥：砂：水＝1.0：1.5：0.32。水泥砂浆衬里厚度与管径有关，厚度以 5mm 至 9mm 不等。水泥采用 32.5 级及以上的硅酸盐水泥，普通硅酸盐水泥或矿渣硅酸盐水泥，砂应采用坚硬、洁净、级配良好的天然砂，其含泥量不大于 2%，最大粒径不大于 1.19mm，级配应根据施工工艺，管径现场施工条件在砂浆配合比中选定。使用前筛洗、拌合用水必须清洁，不含有泥土、油、酸、碱等影响水泥砂浆强度、耐久性的物质，一般采用饮用水。

防腐：腐蚀主要是材料在外部介质影响下所产生的化学作用或电化学作用，使材料破坏和质变。由于化学反应引起的腐蚀称为化学腐蚀，由于电化学反应引起的腐蚀称为电化学腐蚀。金属材料（或合金材料）上述两种反应均会发生。腐蚀的危害性很大，它使大量的钢铁和其他宝贵的金属变为废品，使生产和生活使用的设施很快报废。根据国外有关资料统计，每年由于腐蚀所造成的经济损失约占国民生产总值的4%。在我国每年由于腐蚀引起的经济损失同样十分可观。在给水管道系统中，通常会因为管道腐蚀而引起系统漏水；漏气，这样既浪费能源，又影响生产或生活，还会污染环境，甚至造成重大事故。由此，为了保证正常的生产秩序和生活秩序，延长系统的使用寿命，除了正确选材外，采取有效的防腐措施也是十分必要的。

机械内涂防腐：一般采用机械喷涂，采用的工具为喷枪。以压缩空气为动力、喷射的漆流和喷漆面为平面时，喷嘴与喷漆面应相距250～350mm；喷漆面如为圆弧面，喷嘴与喷漆面的距离为400mm左右。喷涂时，喷嘴的移动应均匀，速度宜保持在10～18m/min，喷漆使用的压缩空气压力为0.2～0.4MPa。

人工内涂防腐：内涂主要指涂漆。涂漆的环境，空气必须清洁，无煤烟、灰尘及水汽。环境温度宜在15～35℃之间，相对湿度在70%以下。

1. 手工涂刷：应分层涂刷，每层应往复进行，纵横交错，并保持涂层均匀，不得漏涂。快干漆不宜采用刷涂。

2. 水泥砂浆衬里：水泥砂浆衬里适用于生活饮用水和常温工业水的输水钢管、铸铁管道和储水罐的内壁防腐。亦常采用人工喷涂法施工。衬里用的水泥砂浆应混合得十分均匀，且搅拌时间不宜超过10min，其重量配合比水泥：砂：水＝1.0：1.5：0.32。水泥砂浆衬里厚度与管径有关，厚度以5mm至9mm不等。

钢管防腐：钢管金属在有水和空气的环境中会被腐蚀而生成铁锈，失去金属特性。钢管直接埋入土中时，会与土中的水和空气接触，使管道外壁受到腐蚀；同时钢管输送液体时，管道内壁也会受到同样的腐蚀。我们将非电解质中的氧化剂直接与金属表面的原子相互作用而对金属产生的腐蚀称为化学腐蚀。还有电化学腐蚀指金属表面与电解质溶液发生电化学作用而产生的腐蚀。常用的防腐方法有涂裹防腐蚀法和阴极保护法。

1. 涂裹防腐蚀法主要是除锈、涂底漆、刷包保护层。

(1) 除锈。为了保证防腐层的质量，应将管道内外壁的浮锈、氧化铁皮、焊渣等彻底清除。除锈方法分人工、喷砂和化学除锈法等。

(2) 钢管外防腐层。根据所采用防腐材料的种类不同而分石油沥青涂料外防腐层和环氧煤沥青涂料外防腐层。其中石油沥青涂料耐击穿电压较高，从18kV到26kV；环氧煤沥青涂料耐击穿电压较低，从2kV到5kV。

(3) 钢管内防腐层：是以水泥砂浆衬里防腐，该方法是在钢管内壁均匀地涂抹一层水泥砂浆，而使钢管得到保护。这一方法不但能防止管道内壁腐蚀、结垢，延长管道使用寿命，并能保护水质，保持或提高管道的输水能力，节省能源，具有明显的经济效益和社会效益。

2. 阴极保护法，可通过牺牲阳极法和强制电流保护法来实现。

(1) 牺牲阳极法，是将被保护钢管和另一种可以提供阴极保护电流的金属或合金（即牺牲阳极）相连，使被保护体自然腐蚀电位发生变化，从而降低腐蚀速率。

(2) 强制电流保护法：将被保护钢管与外加直流电源负极相连，由外部电源提供保护电流，以降低腐蚀速率的方法。外部电源通过埋地辅助阳极，将保护电源引入地下，通过土壤提供给被保护金属，被保护金属在大地电池中仍为阴极，其表面只发生还原反应，不会再发生金属离子化的氧化反应，使腐蚀受到抑制，而辅助阳极表面则发生丢失电子的氧化反应。辅助阳极所用材料有石墨、高硅铁、普通钢等。上述两种阴极保护法，都是通过一个阴极保护电流源向受到腐蚀或存在腐蚀并需要保护的金属体提供足够的与原腐蚀电流方向相反的电流，使之恰好抵消金属体原来存在的腐蚀电流。

二、地面防腐综合考虑了现场和厂内集中防腐两种施工方法。

［应用释义］ 现场防腐：在施工现场，对管道进行防腐措施。为了使防腐材料能起较好的防腐作用，除所选涂料本身能耐腐蚀外，还要求涂料和管道设备表面能很好地结合。一般钢管和设备表面总有各种污物，如灰尘、污垢、油渍、氧化物、焊渣、毛刺等这些都会影响防腐材料对金属表面的附着力，如果铁锈未除尽，油漆涂刷到金属表面后，漆膜下被封闭的空气继续氧化金属，使之继续生锈，以致使漆膜被破坏，锈蚀加剧。所以现场防腐是不可缺少的。

厂内集中防腐：钢管、铸铁管厂在生产大批产品时，对产品进行的防腐措施。产品较多且集中在一起，既可节省材料，又可节省劳动力，提高防腐施工效益。

三、管道的外防腐执行《全国统一安装工程预算定额》的有关定额。

［应用释义］ 外防腐：对管道进行外防腐，首先管道及设备表面的锈层要消除。方法有以下几种：

1. 人工除锈，一般使用刮刀、锉刀、钢丝刷、砂布或砂轮片等摩擦外表面，将金属表面的锈层、氧化皮、铸砂等除掉。对于钢管的内表面除锈，可用圆形钢丝刷来回拉擦内外表面。除锈必须彻底，以露出金属光泽为合格，再用干净的废棉纱或废布擦干净，最后用压缩空气吹扫。人工除锈的方法劳动强度大、效率低、质量差，但在劳动力充足，机械设备不足时可采用。

2. 机械除锈，采用金钢砂轮打磨或用压缩空气喷石英砂吹打金属表面，将金属表面的锈层、氧化皮、铸砂等污物除净。喷砂除锈虽然效率高，质量好，但喷砂过程中产生大量灰土，污染环境，影响人们的身体健康。

3. 化学除锈，用酸洗的方法清除金属表面的锈层、氧化皮。采用浓度10%～20%，温度18～60℃的稀硫酸溶液，浸泡金属物件15～60min，也可用10%～15%的盐酸在室温下进行酸洗，为使酸洗时不损伤金属，应在酸溶液中加入缓蚀剂。

4. 旧涂料的处理，在旧涂料上重新刷漆时，可根据旧漆膜的附着情况，确定是全部清除还是部分清除，如旧漆膜附着良好，铲刮不掉可不必清除，如旧漆膜附着不好，则必须清除重新涂刷。对钢管等表面处理后，可接着进行防腐措施。①在管道表面进行手工涂漆或机械喷漆施工时，不得漏涂。②对于埋地金属管道，为了减少管道系统与地下土壤接触部分的金属腐蚀，管材的外表面必须按要求进行防腐，根据腐蚀性程度选择不同等级的防腐层，如设在地下水位以下时，须考虑特殊的预防措施。

第二节 工程量计算规则应用释义

管道内防腐按施工图中心线长度计算，计算工程量时不扣除管件、阀门所占的长度，但管件、阀门的内防腐也不另行计算。

[应用释义] 阀门：由阀体、阀瓣、阀盖、阀杆及手轮等组成，在各种管道系统中，起开启、关闭以及调节流量、压力等作用，并具有在紧急抢修中迅速隔离故障管段的作用。阀门的种类很多，按其动作特点分为驱动阀门和自动阀门两大类。驱动阀门：是用手操纵或其他动力操纵的阀门，如闸阀、截止阀等。自动阀门：是依靠介质本身的流量、压力或温度参数发生的变化而自行动作的阀门，属于这类阀门的有止回阀（逆止阀、单向阀）、安全阀、浮球阀、液位控制阀、减压阀等。按工作压力阀门可分为：低压阀门（≤1.6MPa），中压阀门（2.5～6.4MPa），高压阀门（≥10MPa），超高压阀门（>100MPa）。按制造材料，阀门分为金属阀门和非金属阀门两大类。金属阀门主要由铸铁、钢、铜制造，非金属阀门主要由塑料制造，输水管道和配水管网应根据具体情况设置分段和分区检修的阀门，配水管网上的阀门不应超过5个消火栓的布置长度。阀门的口径一般和相应的管道的直径相同，但因阀门价格较高，为降低造价，当管直径大于500mm时，允许安装0.8倍管径的阀门，由于阀门关闭时单侧受到水压作用力较大，当其直径大于600mm时，为便于启闭，应有齿轮传动装置，并在闸板两侧安装连通管，在开阀时先开旁通管阀，关闭时后关旁通管阀，管径较大时，阀门开启不宜过快，否则会造成水锤而损坏管道及水泵。

管件：为了适应管道的转弯、改变管径、分支直线连接、连接附属设备等需要，以及维修等要求，需装设相应管件，如承接分支管用三通和四通，管线转弯处采用各种弯头，管径变化处用变径管，改变接头形式处采用短管，还有活接头、直接头等。

第三节 定额应用释义

一、铸铁管（钢管）地面离心机械内涂

工作内容：刮管、冲洗、内涂、搭拆工作台。

定额编号 5-189～5-201 铸铁管（钢管）地面离心机械内涂 P36～P37

[应用释义] 汽车式起重机释义见定额编号5-1～5-15承插铸铁管安装（青铅接口）相关释义。

灰浆搅拌机：是将砂、水及胶合材料（如石灰、水泥等）均匀地拌成灰浆、砂浆的机械。灰浆搅拌机按其生产方式可分为周期式和连续式，按搅拌方式可分为卧轴式和立轴式，以及按卸料方式分为活门卸料式和倾翻卸料式，采用200L型，定额中每台班产量为6m^3。

水泥32.5级：由硅酸盐水泥熟料，0～5%石灰石或粒化高炉矿渣，适量石膏磨细制成的水硬性胶凝材料称为硅酸盐水泥，分为两种类型，不掺加混合材料的称Ⅰ型硅酸盐水泥，其代号为P·Ⅰ，在硅酸盐水泥熟料粉磨合时掺加不超过水泥质量5%石灰石或粒化高炉矿渣混合材料的称为Ⅱ型硅酸盐水泥，其代号为P·Ⅱ。根据国家标准《硅酸盐水泥、普通硅酸盐水泥》（GB175—1999）规定硅酸盐水泥分42.5、42.5R、52.5、52.5R、62.5、62.5R几个强度等级，R表示的是早强型水泥。

中粗砂：砂一般称作细骨料，指粒径在5mm以下的岩石颗粒，一般可分为天然砂及人工砂两类。天然砂按产源不同又分为河砂、海砂及山砂，其中河砂应用最广。河砂颗粒

表面圆滑，比较洁净，分布较广，其质量大于海砂及山砂，海砂虽然也具有河砂的特点，但常混有贝壳碎片，含盐分较多。山砂为岩石风化后在原地沉积而成，表面粗糙，颗粒多棱角，含泥量较高，有机杂质含量较多，故质量较差。人工砂则用岩石轧碎而成，富有棱角，比较洁净，但含片状颗粒，以及石粉较多，由于人工砂成本高，只有在缺乏合格天然砂的地方才考虑。砂的粗细程度是指不同粒径的砂粒混合在一起的平均粗细程度，通常砂子按粗细程度分为粗砂、中砂、细砂及特细砂，细度模数在3.7～3.1为粗砂、3.0～2.3为中砂、2.2～1.6为细砂，1.5～0.7为特细砂。

刮管：一般钢管和设备表面总有各种污物，如灰尘、污垢、油渍、氧化物、焊渣、毛刺等，这些都会影响防腐涂料对金属表面的附着力，因此，在涂刷底漆前，必须将管道或设备表面污物清除干净，一般使用刮刀等摩擦管外表面，除掉表面污物。刮管除人工方法外还有机械刮管和化学清管方法。

1. 机械刮管　是利用刮管器，由其中的钢丝等使其在积垢的管道中来回拖动。(1)其中一种刮管器是用钢丝绳连到绞车，往返移动，适用于刮除小直径水管内的积垢，它由切削环，刮管环和钢丝刷组成，使用时切削环在水管内壁积垢上刻划深痕，然后刮管环把管垢刮下，最后用钢丝刷刷净，这种刮管方法的优点是工作条件较好，刮管速度快，缺点是刮管器和管壁的摩擦力很大，来回拖动相当费力，并且刮线不易刮净。(2)旋转法刮管，由钢丝绳拖动，是装有旋转刀具的封闭电动机，刀具可用与螺旋桨相似的刀片，也可用装在旋转盘上的链锤刮垢，效果较好，适用于大直径水管。(3)软质清管器，由水力驱动，大小管径均适用，优点是成本低，清管效果好。清管器由聚氨酯泡沫制成，其外表面有高强度材料的螺旋纹，可清除管内沉积物和泥砂，以及附着在管壁上的铁细菌、铁锰氧化物，对管壁的硬垢，如钙垢、二氧化硅垢也能清除。软质清管器可以任意通过弯管和阀门。

2. 化学方法　利用碳酸盐和铁锈等积垢与酸反应去除，即酸洗法，是将一定浓度的盐酸或硫酸溶液放进管内，浸泡14～18h，使积垢溶解，然后放掉，再用清水冲洗，直到出水不含溶解的沉淀物和酸为止。由于酸溶液除能溶解积垢外，也会侵蚀管壁，所以加酸时应同时加入抑制剂，以保护管壁少受酸的侵蚀。这种方法的缺点是酸洗后，水管内壁变得光洁，如水质有侵蚀性，以后锈蚀可能更快。

冲洗，即对管道进行清垢冲洗。对于松软的积垢可提高流速进行冲洗，每次冲洗的管线长度为100～200m，冲洗水的流速比平时流速提高3～5倍，但压力不应高于允许值，冲洗工作应经常进行，以免积垢变硬后难以用水冲去。用水冲管时，起先排出水的浑浊度上升，以后逐渐下降，各种大小的管垢随水流排出，冲洗工作直到出水完全澄清为止。用水冲洗的优点是清洗简便，水管中无需放入特殊的工具；操作费用比刮管法、化学酸洗法低；工作进度较其他方法迅速，不会破坏水管内壁的沥青涂层或水泥砂浆涂层；清垢所需时间不长，管内的绝缘层又不会被破坏。

机械内涂：一般采用机械喷涂，采用的工具为喷枪。

二、铸铁管（钢管）地面人工内涂

工作内容：清理管腔、搅拌砂浆、抹灰、成品堆放。

定额编号　5-202～5-214　铸铁管（钢管）地面人工内涂　P38～P39

[应用释义] 清理管腔：铸铁管、钢管进行人工内涂时管道内积存着各种污物如灰尘、污垢、氧化物、焊渣、毛刺等都将影响内涂的质量，在人工操作中均要清理钢管、铸铁管等内壁。

搅拌砂浆：通过灰浆搅拌机，将水泥、砂、水按一定的比例搅拌，制成砂浆混凝土，搅拌要均匀、调合、便于砂浆内涂施工。

人工内涂：主要指涂漆。涂漆的环境、空气必须清洁，无煤烟、灰尘及水汽。环境温度宜在15～35℃之间，相对湿度在7%以上。

第三章　管　件　安　装

第一节　说明应用释义

一、本章定额内容包括铸铁管件、承插式预应力混凝土转换件、塑料管件、分水栓、马鞍卡子、二合三通、铸铁穿墙管、水表安装。

[应用释义]　铸铁管件：分为给水铸铁管件和排水铸铁管件。

1. 给水铸铁管件，分为灰口铸铁和球墨铸铁管件。接口形式分为承插连接和法兰连接两种。给水铸铁管件种类较多，有起转弯用的不同弯曲角度的弯管；有起管道分支用的丁字管、十字管；有起变径作用的渐缩管；有起连接用的套管、短管等。这些管件的尺寸和重量可参考给水排水设计手册、材料手册和有关资料。异径管是接头零件的一种，它的作用是管道变径。按流体运动方向来讲，多数是由大变小，也有的是由小变大，如蒸汽回水管道和下水管道的异径管就是由小变大，故异径管又称大小头。(1) 玛钢异径管，大体上分两种，一是内螺纹异径管，也称外接头，另一种是内螺纹和外螺纹结合的管件，称作补心，它虽然不是异径管，但是能起到异径管的作用。(2) 钢制异径管，分为有缝和无缝两种，无缝异径管用无缝钢管压制，有缝异径管用钢板下料经卷制焊接而成，也称焊接制异径管，都包括同心和偏心两种形式，偏心异径管底部有一个直边，使用时能使管底成一个水平面，便于停产检修时排放管中物料。

2. 排水铸铁管件：有弯管（弯头）、三通管、四通管等，常用管件介绍如下：

弯管，又称弯头，弯管按其形状，分为 45°、90°和弯曲形污水管（乙字管），45°、90°弯管如图 2-7、图 2-8 所示，尺寸、重量见表 2-17、表 2-18。

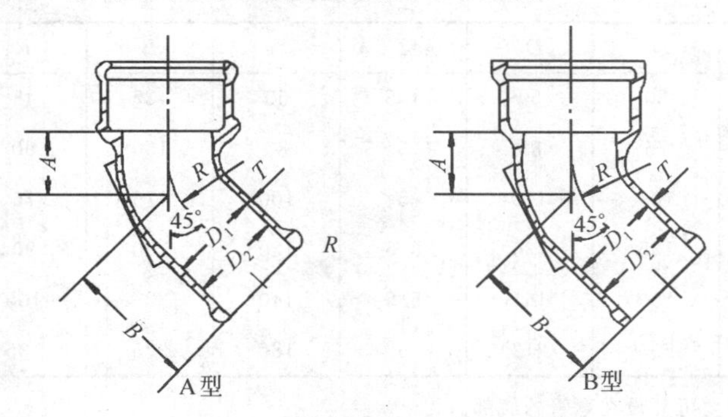

图 2-7　45°承插弯管

90°弯管用于水流是 90°急转弯处，45°弯管用于水流是 135°转弯处及加大回转半径时，用两个 45°弯管代替 90°弯管使用。弯曲形污水管（乙字弯）用于立管轴线有较小改变处，以下是几种常见弯头：①玛钢弯头，也称锻铁弯头，是最常见的螺纹弯头，这种玛钢管件，主要用于采暖、上下水管道和煤气管道上。在工艺管道中，除经常要拆卸的管道外，

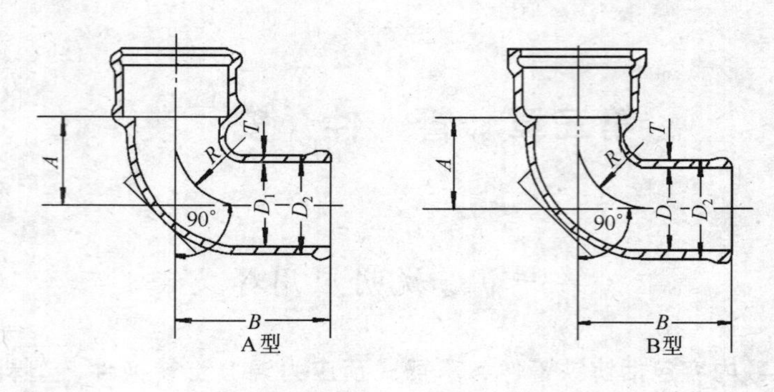

图 2-8　90°承插弯管

45°承插弯管的尺寸　　**表 2-17**

公称通径	内径	外径	管厚	各部尺寸			重量	
mm							kg	
DN	D_1	D_2	*T*	*A*	*B*	*R*	A型	B型
50	50	59	4.5	40	105	60	1.98	2.03
75	75	85	5	50	120	70	3.23	3.31
100	100	110	5	60	135	80	4.79	4.91
125	125	136	5.5	70	150	90	6.76	6.90
150	150	161	5.5	80	165	100	8.93	9.13
200	200	212	6	100	195	120	14.16	14.93

注：检查孔根据需要可开设在弯管的底部。

90°承插弯管的尺寸　　**表 2-18**

公称通径	内径	外径	管厚	各部尺寸			重量	
mm							kg	
DN	D_1	D_2	*T*	*A*	*B*	*R*	A型	B型
50	50	59	4.5	60	125	45	2.10	2.15
75	75	85	5	80	150	60	3.54	3.62
100	100	110	5	100	175	75	5.35	5.47
125	125	136	5.5	120	200	90	7.76	7.90
150	150	161	5.5	140	225	105	10.38	10.58
200	200	212	6	180	275	135	17.46	17.76

注：检查孔根据需要可开设在弯管的底部。

其他物料管道上很少使用，玛钢弯头的规格很小，常用的规格范围为 *DN*15～*DN*100，按其不同的表面处理分镀锌和不镀锌两种。②铸铁弯头，按其连接方式分为承插口式和法兰连接式两种。③压制弯头：又称为冲压弯头或无缝弯头，它是用优质碳素钢、不锈耐酸钢和低合金钢无缝管，根据一定的弯曲半径制成模具，然后将下好料的钢板或管段放入加热炉中加热至 900℃左右，取出放在模具中用锻压机压制成型，用板材压制的为有缝弯管，用管段压制的为无缝弯管，其弯曲半径为公称直径的一倍半（$R=1.5DN$），在特殊场合下也有一倍的（$R=DN$），其规格范围在公称直径 200mm 以内，其压力常用的为 4.0MPa、6.4MPa 和 10MPa。目前，压制弯管已实现了工厂化生产，不同规格、不同材质、不同弯曲半径的压制弯管都有产品，它具有成本低、质量好等优点，已逐渐取代了现场各种弯管方法，广泛地用于管道安装工程之中，压制弯头都是由专业制造厂和加工厂用标准无缝钢管冲压加工而成的标准成品，出厂时弯头两端应加工好坡口。④冲压焊接弯头，是采用与管材相同材质的板材用冲压模具冲压成半块环形弯头，然后将两块半环弯头进行组对焊接成型，由于各类管道的焊接标准不同，通常是按组对点固的半成品出厂，现场施工根据管道焊缝等级进行焊接，因此，也称为两半焊接弯头，其弯曲半径同无缝管弯头，规格范围为公称直径 200mm 以上，公称压力在 4.0MPa 以下。⑤焊接弯头，也称虾米腰或虾体弯头，制作方法有两种：一种是在加工厂用钢板下料，切割后卷制焊接成型，多数用于钢卷管的配套；另一种是用管材下料，经组对焊接成型，其规格范围一般在 200mm 以上，使用压力在 2.5MPa 以下，温度不能大于 200℃，一般在施工现场制作。

三通管按其形状分为 45°承插三通管和 90°承插三通管如图 2-9，图 2-10 所示，45°、90°三通管尺寸以及重量见表 2-19，表 2-20。三通管用于水流量 45°或 90°汇集处，三通是主管道与分支管道相连接的管件。

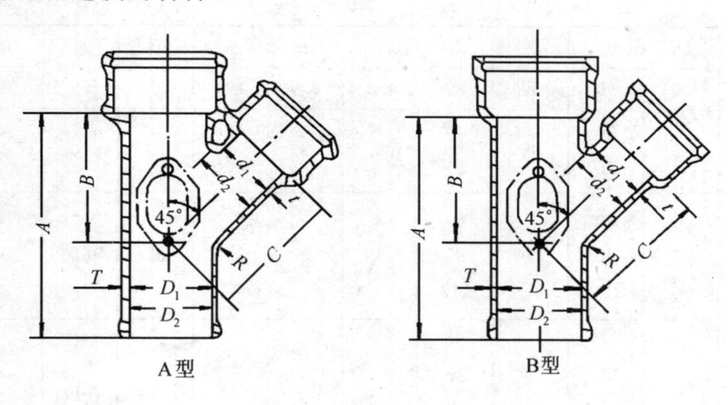

图 2-9 45°承插三通管

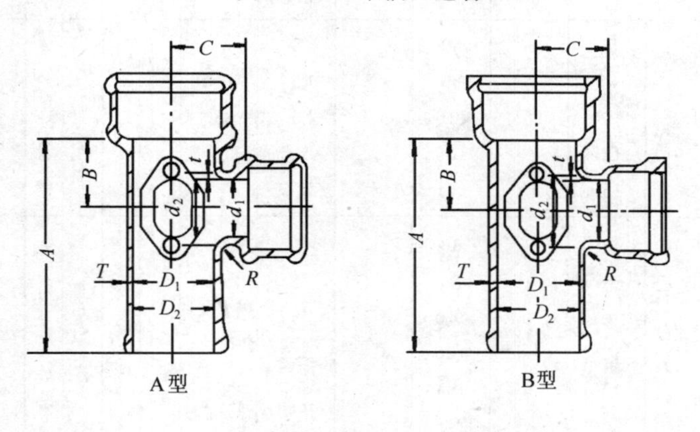

图 2-10 90°承插三通管

45°承插三通管的尺寸　　**表 2-19**

公称通径		内径		外径		管厚		各部尺寸				重量	
mm												kg	
DN	d_g	D_1	d_1	D_2	d_1	T	t	A	B	C	R	A型	B型
50	50	50	50	59	59	4.5	4.5	195	100	100	20	3.65	3.75
75	50	75	50	85	60	5	5	240	130	130	20	5.31	5.44
	75		75		85							5.95	6.11
100	50	100	50	110	60	5	5	285	165	165	20	7.40	7.58
	75		75		85							8.11	8.31
	100		100		110							8.95	9.19
125	75	125	75	136	85	5.5	5	330	195	195	20	10.89	11.11
	100		100		110		5					11.74	12.00
	125		125		136		5.5					12.68	12.96

90°承插三通管的尺寸　　**表 2-20**

公称通径		内径		外径		管厚		各部尺寸				重量	
mm												kg	
DN	d_g	D_1	d_1	D_2	d_2	T	t	A	B	C	R	A型	B型
50	50	50	50	59	59	4.5	4.5	180	55	55	3	3.40	3.50
75	50	75	50	85	60	5	5	215	70	70	4	4.85	4.98
	75		75		85							5.35	5.51
100	50	100	50	110	60	5	5	255	85	85	5	6.73	6.90
	75		75		85							7.23	7.43
	100		100		110							7.91	8.15
125	50	125	50	136	60	5.5	5	295	100	100	6	9.21	9.40
	75		75		85		5					9.72	9.94
	100		100		110		5					10.38	10.64
	125		125		136		5.5					11.03	11.31
150	50	150	50	161	60	5.5	5	330	115	110	7	11.82	12.07
	75		75		85		5					12.34	12.62
	100		100		110		5					13.01	13.33
	125		125		136		5.5					13.66	14.00
	150		150		161		5.5					14.54	14.94
200	50	200	50	212	60	6	5	405	145	145	9	18.95	19.30
	75		75		85		5					19.46	19.84
	100		100		110		5					29.13	20.55
	125		125		136		5.5					20.80	21.24
	150		150		161		5.5					21.66	22.16
	200		200		212		6					23.51	24.11

注：检查孔根据需要可开设在管的左侧、右侧或底部。

三通管根据材质和用途的不同划分为很多种，从规格上划分，分为同径三通和异径三通，同径三通也称为等径三通。同径三通是指分支管道的管径与主管管径相同，异径三通是指分支管的管径不同于主管的管径，所以也称为不等径三通。一般异径三通用量要多一些，下面为常见三通：①玛钢三通，玛钢三通的制造材质和规格范围与玛钢弯头相同，主要用于室内采暖、上下水和煤气管道。②铸铁三通，同铸铁弯头一样，都是用灰铸铁浇铸而成，常用的规格和压力范围也相同。按其连接方式不同分为承插铸铁三通和法兰铸铁三通两种，承插铸铁三通主要用于给排水管道。给水管道多采用 90°正三通；排水管道为了减少流体的阻力，防止管道堵塞，通常采用 45°斜三通。法兰铸铁三通，一般都是 90°正三通；多用于室外铸铁管。③钢制三通，定型三通的制作，是以优质管材为原料，经过下料、挖眼、加热后用模具拨制而成，再经机械加工，成为定型成品三通、中低压钢制成品三通，在现场安装时都是采用焊接。钢板卷管所用三通有两种情况，一种是在加工厂用钢板下料，经过卷制焊接而成，另一种是现场安装时挖眼接管。④高压三通，常用的有两种，一种是焊制高压三通，一种是整体锻造高压三通。焊制高压三通，选用优质高压钢管为材料，制造方法类似挖眼接管，主管上所开的孔要与相接的支管管径相一致，焊接质量要求严格，通常焊前要求预热，焊后进行热处理，其规格和压力范围同高压弯头。整体锻造高压三通一般是采用螺纹法兰连接，其规格范围为 $DN12 \sim DN109$，使用温度，25 号碳钢高压三通为 200℃以下，低合金和不锈耐酸钢高压三通为 510℃以下，使用压力在 20.0MPa 以下。

四通管有 45°承插四通管和 90°承插四通管。45°、90°承插四通管如图 2-11、图 2-12，

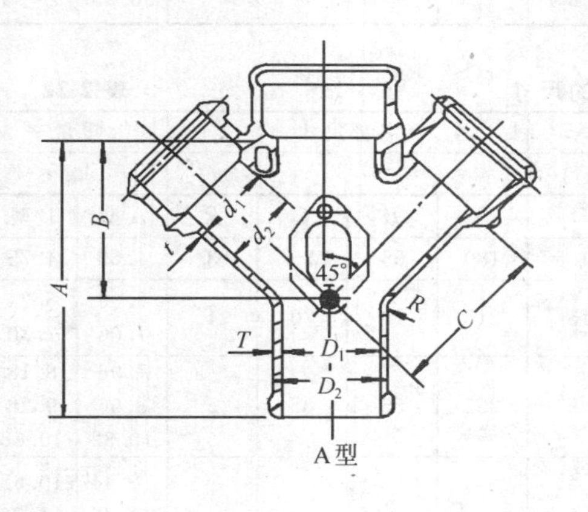

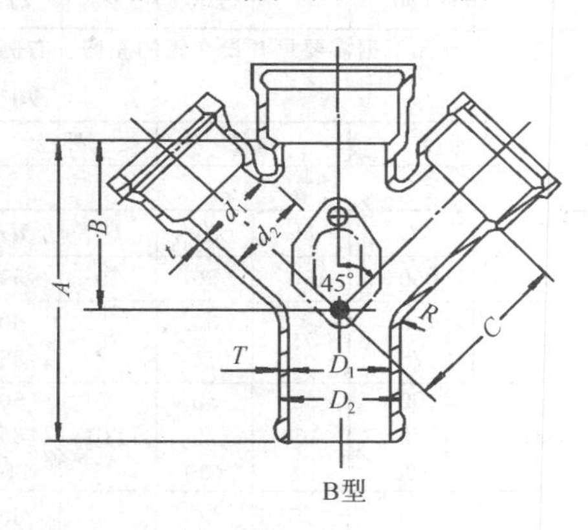

图 2-11 45°承插四通管

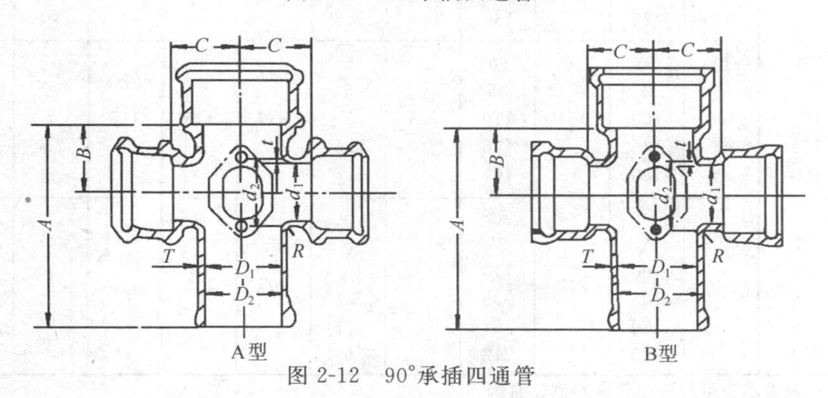

图 2-12 90°承插四通管

尺寸如表 2-21、2-22，用于水流呈十字汇集处。45°承插四通管水流条件优于 90°承插四通管，应尽量采用。

45°承插四通管的尺寸 **表 2-21**

公称通径		内径		外径		管厚		各部尺寸				重量	
mm												kg	
DN	d_g	D_1	d_1	D_2	d_2	T	t	A	B	C	R	A型	B型
50	50	50	50	59	59	4.5	4.5	195	100	100	20	5.05	5.20
75	50	75	50	85	60	5	5	240	130	130	20	6.76	6.94
	75		75		85							8.04	8.28
100	50	100	50	110	60	5	5	285	165	165	20	8.95	9.17
	75		75		85							10.36	10.64
	100		100		100							12.04	12.40
125	75	125	75	136	85	5.5	5	330	195	195	20	13.24	13.54
	100		100		110		5					14.94	15.32
	125		125		136		5.5					16.83	17.25
150	75	150	75	161	85	5.5	5	375	230	230	20	16.45	16.81
	100		100		110		5					18.25	18.69
	125		125		136		5.5					20.28	20.76
	150		150		161		5.5					22.53	23.13
200	100	200	100	212	110	6	5	465	295	295	20	26.79	27.63
	125		125		136		5.5					29.05	29.63
	150		150		161		5.5					32.20	32.90
	200		200		212		6					36.95	37.85

注：检查孔根据需要可开设在管的左侧、右侧。

90°承插四通管的尺寸 **表 2-22**

公称通径		内径		外径		管厚		各部尺寸				重量	
mm												kg	
DN	d_g	D_1	d_1	D_2	d_2	T	t	A	B	C	R	A型	B型
50	50	50	50	59	59	4.5	4.5	180	55	55	3	4.60	4.75
75	50	75	50	85	60	5	5	215	70	70	4	6.06	6.24
	75		75		85							7.06	7.30
100	50	100	50	110	60	5	5	255	85	85	5	7.96	8.18
	75		75		85							8.96	9.26
	100		100		110							10.32	10.68
125	50	125	50	136	60	5.5	5	295	100	100	6	10.44	10.68
	75		75		85		5					11.46	11.76
	100		100		110		5					12.78	13.16
	125		125		136		5.5					14.08	14.50
150	50	150	50	161	60	5.5	5	330	115	115	7	13.06	13.42
	75		75		85		5					14.10	14.46
	100		100		110		5					15.44	15.88
	125		125		136		5.5					16.76	17.24
	150		150		161		5.5					18.50	19.10
200	50	200	50	212	60	6	5	405	145	145	9	20.22	20.62
	75		75		85		5					21.24	21.70
	100		100		110		5					22.58	23.12
	125		125		136		5.5					23.92	24.62
	150		150		161		5.5					25.64	26.34
	200		200		212		6					29.34	30.24

注：检查孔根据需要可开设在管的左侧、右侧。

存水弯管，设置在卫生器具上。存水弯管具有平衡排水管内压力，防止有害气体窜入室内的功能。按其形状分为P形存水弯管和S形存水弯管两种，P形、S形存水弯管形状如图2-13、图2-14所示，尺寸如表2-23、表2-24所示。

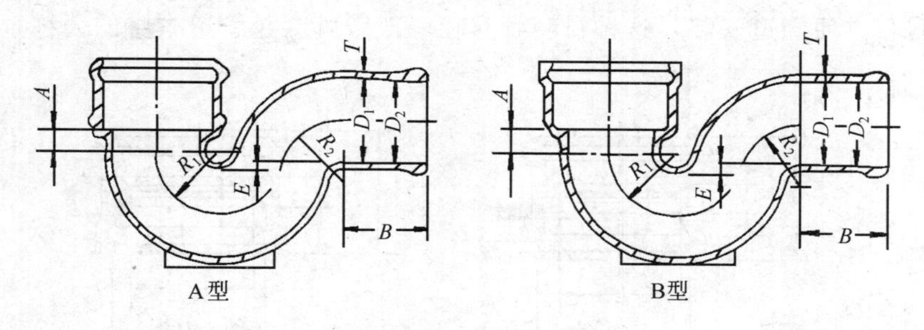

图2-13　P形存水弯管

P形存水弯管的尺寸　**表2-23**

公称通径	内径	外径	管厚	各部尺寸					重量	
mm									kg	
DN	D_1	D_2	*T*	*A*	*B*	*E*	R_1	R_2	A型	B型
50	50	59	4.5	20	85	10	40	40	2.70	2.75
75	75	85	5	20	90	10	55	55	4.80	4.88
100	100	110	5	20	95	10	70	70	7.40	7.52
125	125	136	5.5	20	100	10	85	85	11.08	11.22
150	150	161	5.5	20	105	10	100	100	14.95	15.15
200	200	212	6	25	115	10	130	130	26.00	26.30

注：检查孔根据需要可开设在弯管的底部。

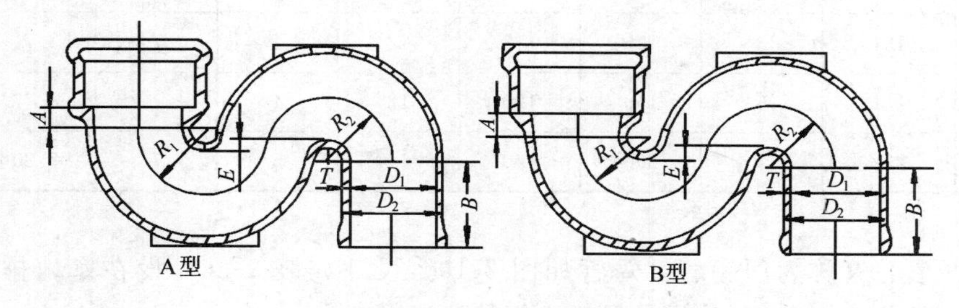

图2-14　S形存水弯管

S形存水弯管的尺寸　**表2-24**

公称通径	内径	外径	管厚	各部尺寸					重量	
mm									kg	
DN	D_1	D_2	*T*	*A*	*B*	*E*	R_1	R_2	A型	B型
50	50	59	4.5	20	85	10	40	40	3.05	3.10
75	75	85	5	20	90	10	55	55	5.59	5.67
100	100	110	5	20	95	10	70	70	8.70	8.82
125	125	136	5.5	20	100	10	85	85	13.24	13.38
150	150	161	5.5	20	105	10	100	100	18.00	18.20
200	200	212	6	25	115	10	130	130	31.71	32.01

注：检查孔根据需要可开设在弯管的底部或顶部。

套管，又称套袖、套筒，用于管道的连接。套管按形状分为同径套管和异径套管，异径套管称为大小头套管，如图 2-15，尺寸如表 2-25。套管是给排水管道（或工艺管道）在穿越建筑物基础、墙体和楼板之处时，预先配合土建施工所预埋的一种衬套管，其作用是避免打洞和方便管道安装，这种衬套管直径一般较其穿越管道本身的公称直径大一至二级。

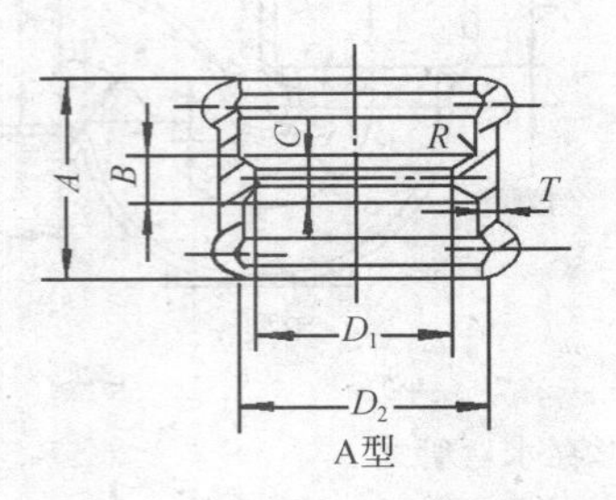

A型

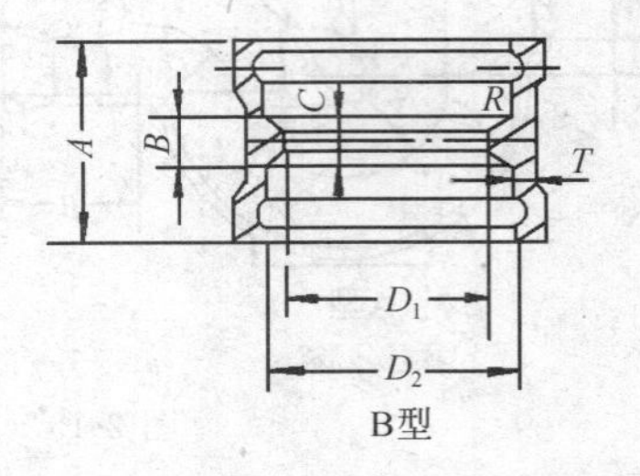

B型

图 2-15 套管

套管的尺寸 **表 2-25**

公称通径	套管口径	管厚	各部尺寸					重量	
mm								kg	
DN	D_2	*T*	D_1	*A*	*B*	*C*	*R*	A 型	B 型
50	73	5.5	50	80	10	3	6	1.27	1.37
75	100	5.5	75	90	10	3	6	1.85	2.02
100	127	6	100	100	10	3	7	2.74	2.96
125	154	6	125	110	12	4	7	3.71	3.93
150	181	6	150	120	12	4	7	4.77	4.96
200	232	7	200	140	14	5	7	7.80	8.45

承插短管：又称为门短管。短管如图 2-16，尺寸如表 2-26，设在室内排水立管上，设置高度距地坪 1.0m，其作用是便于立管的清通。

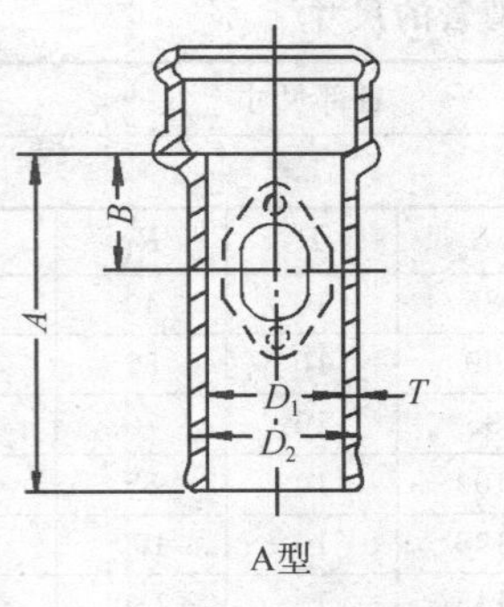

A型

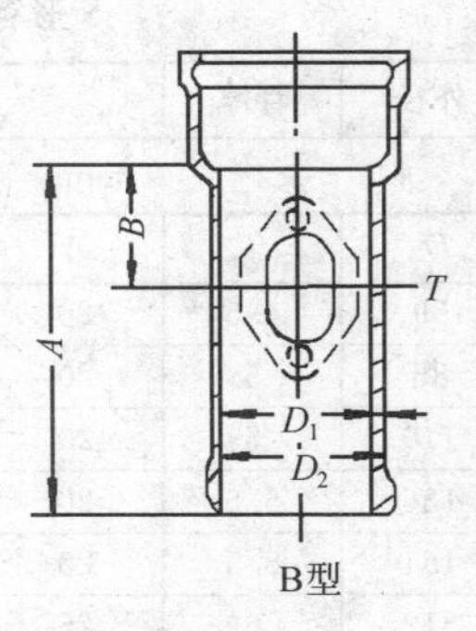

B型

图 2-16 承插短管（带检查孔）

承插短管的尺寸 表 2-26

公称通径	内径	外径	管厚	各部尺寸		重量	
mm						kg	
DN	D_1	D_2	*T*	*A*	*B*	A型	B型
75	75	85	5	210	70	3.59	3.67
100	100	110	5	235	80	5.26	5.38
125	125	136	5.5	260	90	7.41	7.55
150	150	161	5.5	285	100	9.70	9.90
200	200	212	6	335	120	15.72	16.02

地漏：专供排除地面积水而设置的一种器具，一般装在厕所、厨房、盥洗室和浴室等地面，有50mm、75mm及100mm三种规格，制造时按照规格大小由箅子、承口和钟罩等构成，套用定额时以“个”计算，定额中只列75mm和100mm两种规格，大于75mm时套用100mm。

工艺管道：指凡是在工艺流程中，输送生产所需各种介质的管道，包括生产给排水循环水管、油管、压缩空气、氧气、氮气、煤气等管道都属于工艺管道，为生活服务的采暖、给排水、煤气等管道不属于工艺管道。

塑料管件：一般用于塑料管道的交接头，种类有多种。如45°及90°双承口弯头，90°顺水三通，45°斜三通（均为三承口型），三承口瓶形三通，四承口顺水四通，四承口斜四通，四承口直角四通，异径管，管箍，双承口P形存水管，双承口S形存水弯，双承口立管检查口，清扫口，地漏，排水栓、大小便器连接件，伸缩器等，各类管件一般均为浅灰色。

管箍：又称外接头，用于连接同径通长钢管、塑料管。

排水栓：在给排水管道中起排除管道中的沉积物，以及检修放空管道内存水的作用。

水表：用来计量介质流量的仪器，常用的水表为旋翼式水表和螺翼式水表。一般的，公称直径小于等于50mm时，选用旋翼式水表。公称直径大于50mm时，应采用螺翼式水表。当通过流量变化幅度很大时，应采用由旋翼式和螺翼式组合而成的复式水表。水表的公称直径按设计秒流量不超过水表的额定流量来决定，一般等于或略小于管道公称通径。常用的水表的技术特性如表2-27。

常用水表技术特性 表 2-27

类型	介质条件			公称直径	主要技术特性	适用范围
	水温（℃）	压力（MPa）	性质			
旋翼式水表	0～40	1.0	清洁的水	15～150	最小起步流量及计量范围较小，水流阻力较大，湿式，构造简单，精度较高	适用于用水量及其逐时变化幅度小的用户，只限于计量单向用水
螺翼式水表	0～40	1.0	清洁的水	80～400	最小起步流量及计量范围较大，水流阻力小	适用于用水量大的用户，只限于计量单向水流
复式水表	0～40	1.0	清洁的水	主表 50～400 副表 15～40	由主、副表组成，用水量小时，仅由副表计量。用水量大时，则主副表同时计量	适用于用水量变化幅度大的用户，仅限于计量单向水流

马鞍卡子：指管卡类型中的一种用来固定管道，防止管道滑动的专用构件，马鞍卡子是管卡的一种。管卡按制作材料可分为钢制管卡、铸铁管卡（用于排水铸铁管的管卡又称卡码）、塑料管卡等。按用途可分为支架用U形管卡，托架用U形管卡，吊架用吊环式管卡，而马鞍卡子形状像马鞍。

二、铸铁管件安装适用于铸铁三通、弯头、套管、乙字管、渐缩管、短管的安装，并综合考虑了承口、插口、带盘的接口，与盘连接的阀门或法兰应另计。

［应用释义］　铸铁三通：同铸铁弯头一样，都是用灰铸铁浇铸而成，常用的规格和压力范围也相同。按其连接方式不同，给水管道分为承插铸铁三通和法兰铸铁三通两种。承插铸铁三通，主要用于给排水管道，给水管道多采用90°正三通；排水管道，为了减少流体的阻力，防止管道堵塞，通常采用45°斜三通。法兰铸铁三通一般都是90°正三通，多用于室外铸铁管。

弯头：是管道接头零件的一种，是用来改变管道的方向，常用弯头的弯曲角度为90°、45°和180°，180°弯头亦称为U形弯管，也有特殊的角度但为数较少。弯头种类见第三章管件安装第一节说明应用释义第一条。

套管：指给排水管道（或工艺管道）在穿越建筑物基础、墙体和楼板之处时，预先配合土建施工所预埋的一种衬套管，其作用是避免打洞和方便管道安装，这种衬套管直径一般较其穿越管道本身的公称直径大一至二级。

渐缩器：亦称伸缩器，是指解决管道中因热胀冷缩而补偿其长度变化的一个设施，多用在蒸汽管道中。其形式有两种：方形伸缩器和套筒式伸缩器。方形伸缩器也叫“U”形伸缩器，通常为无缝钢管通过摵制而成U形，其两端与管道焊接。其优点是制作容易、方便，因此用途较广。套筒式伸缩器按照连接方式的不同分成螺纹连接法兰式和焊接法兰式，其结构是将伸缩器分为两段，一段是套管，另一段则伸进套管内，在相互套接的地方留有一定的伸缩空间，能满足管道的长短变化，在伸缩器两端用法兰盘与管道螺栓连接。

乙字管：弯管的一种类型，又称弯曲形污水管，形状如“乙”字，常用于立管轴有较小改变处。

法兰：是管道上起连接作用的一种部件，这种连接形式的应用范围非常广泛，如管道与工艺设备连接、管道上法兰阀门及附件的连接，采用法兰连接既有安装拆卸的灵活性，又有可靠的密封性。

阀门：指给排水、采暖、煤气工程中应用极为广泛的一种部件，其作用是关闭或开启管路，以及调节管道内介质的流量和压力。

综合考虑承口、插口、带盘的接口，与盘连接的阀门或法兰应另计，本定额不包含其中。

三、铸铁管件安装（胶圈接口）也适用于球墨铸铁管件的安装。

［应用释义］　球墨铸铁管：是20世纪50年代发展起来的新型金属管材，当前我国正处于一个逐渐取代灰铸铁管的更新换代时期，而发达国家已广为使用，球墨铸铁管是以镁或稀土镁合金球化剂在浇铸前加入铁水中，使石墨球化，同时加入一定量的硅铁或硅钙合金作孕育剂，以促进石墨析出球化。石墨呈球状时对铸铁基体的破坏程度减轻，应力集中亦大大降低，因此它具有较高的强度和延伸率。与普通铸铁管比较：球墨铸铁管抗拉强度是灰铸铁

管的3倍，水压试验为灰铸铁管的2倍，球墨铸铁管具有较高的延伸率而灰铸铁管无。

胶圈接口：是承插式柔性接口，它的密封材料是橡胶圈，橡胶圈在接口中处于压缩状态，起到防渗作用，接口性能较好。

球墨铸铁管件属铸铁管件，球墨铸铁管件安装套用本定额。

四、马鞍卡子安装所列直径是指主管直径。

[应用释义]　马鞍卡子是将管道支承固定于墙柱上的支承铁件，不仅起支托作用，还可将管子卡住固定不动，马鞍卡子安装所列直径套用本定额。

五、法兰式水表组成与安装定额内无缝钢管、焊接弯头所采用壁厚与设计不同时，允许调整其材料预算价格，其他不变。

[应用释义]　焊接弯头：也称虾米腰或虾体弯头，有两种制作方法，一种是在加工厂用钢板下料，切割后卷制焊接成型，多数用于钢板卷管的配套，另一种是用管材下料，经组对焊接成型，其公称直径一般在200mm以上，使用压力在2.5MPa以下，温度不能大于200℃，一般可在施工现场制作。

壁厚：指管道的厚度，即是管道内径与外径之差，各种型号均有所不同。

法兰式水表组成与安装定额内无缝钢管、焊接弯头所采用壁厚与设计不同时，套用本定额允许调整其材料预算价格，其他不变。

六、本章定额不包括以下内容

1. 与马鞍卡子相连的阀门安装，执行第七册“燃气与集中供热工程”有关定额。

[应用释义]　阀门是给排水、采暖、煤气工程中应用极广泛的一种部件，其作用是关闭或开启管路以及调节管道内介质的流量和压力，并具有在紧急抢修中迅速隔离故障管段的作用，一般由阀体、阀瓣、阀盖、阀杆及手轮等部件组成，与马鞍卡子相连的阀门安装，不执行本定额。

2. 分水栓、马鞍卡子、二合三通安装的排水内容，应按批准的施工组织设计另计。

[应用释义]　三通是主管道与分支管道相连接的管件，根据制造材质和用途的不同，划分为很多种，从规格上划分，分为同径三通和异径三通，同径三通也称为等径三通。同径三通是指分支接管的管径与主管管径相同，异径三通是指分支管的管径不同于主管的管径，所以也称为不等径三通。一般异径三通用量要多一些，分水栓、马鞍卡子，二合三通安装的排水内容，均可套用本章定额。

第二节　工程量计算规则应用释义

管件、分水栓、马鞍卡子、二合三通、水表的安装按施工图数量以“个”或“组”为单位计算。

[应用释义]　管件指管道的接头零件，又称管子配件或管件，接头零件在管路中起到连接、分支、转弯和变径作用，钢管管道接头零件一般指水、煤气钢管的接头零件，其规格以公称直径表示，无缝钢管与卷焊钢管无统一的通用接头零件，多要自行加工制作，

水、煤气钢管的接头零件多为螺纹连接，也称丝扣接头零件。丝扣接头零件可用铸铁或软钢制成，品种较多，如：管箍异径管夹、弯头、三通、四通、活接夹补心、管堵。铸铁管件接头零件分为给水铸铁接头零件和排水铸铁接头零件。给水铸铁管件有异径管、三通、四通、弯头、乙字管、斜三通、短管等。按连接方式不同分为单承、双承、单盘、双盘等形式。排水铸铁管件有：45°弯头、90°弯头，45°T 形三通、90°Y 形三通、90°Y 形三通，检查口、S形存水弯、P 形存水弯，地漏和扫除口，还有马鞍卡子，二合三通，在安装中，本定额均是以“个”或“组”为单位进行计算。

第三节　定额应用释义

一、铸铁管件安装（青铅接口）

工作内容：切管、管口处理、管件安装、化铅、接口。

定额编号　5-215～5-229　铸铁管件安装　P44～P45

［应用释义］　切管：指管子安装之前，根据要求的长度将管子切断，常用的切断方法有锯断、刀割、气割等，可根据管材、管径和现场条件选用适当的切断方法，切断的管口应平正、无毛刺、无变形，以免影响接口的质量，切管方法见定额编号 5-100～5-112 铸铁管新旧管连接（青铅接口）相关释义。

青铅接口：承插式刚性接口形式的一种。承插式刚性接口一般由嵌缝和密封材料组成。嵌缝的作用是使承插口缝隙均匀，增加接口的黏着力，保证密封材料击打填实而且能防止填料掉入管内。青铅接口是指在承插接头处使用铅作为密封材料，铅是一种金属元素，是有毒物质。

油麻：麻是麻类植物的纤维，常见的麻有亚麻、大麻、白麻总称为原麻。原麻中数亚麻的纤维长而细，强度大，大麻次之。采用松软，有韧性，清洁，无麻皮的长纤维麻，加工成麻辫，浸放在 5%的石油沥青和 95%的汽油混合溶液中，浸泡处理干燥后即为油麻。油麻最适宜作管螺纹的接口填料，具有较好防水性，密实性。

氧气、乙炔气：均为气焊时所用的气体。乙炔气是一种能够燃烧并发出大量热量的气体，化学符号为 C_2H_2。氧气亦是一种能够助燃的气体，化学符号为 O_2，在电焊时，

$2C_2H_2+5O_2 \xrightarrow{点燃} 4CO_2+2H_2O+Q$，放出大量的热（$Q$）供电焊使用。

汽车式起重机：见定额编号 5-1～5-15 承插铸铁管安装（青铅接口）释义。

铸铁管件：分为给水铸铁管件和排水铸铁管件。给水铸铁管件分为灰口铸铁和球墨铸铁管件。排水铸铁管件有弯管（弯头）、三通管、四通管等。

二、铸铁管件安装（石棉水泥接口）

工作内容：切管、管口处理、管件安装、调制接口材料、接口、养护。

定额编号　5-230～5-244　石棉水泥接口铸铁管件安装　P46～P47

［应用释义］　水泥 32.5 级释义见定额编号 5-189～5-201 铸铁管（钢管）地面离心机械内涂防腐相关释义。

石棉水泥接口、养护：见定额编号 5-16～5-30 承插铸铁管安装（石棉水泥接口）相

关释义。

三、铸铁管件安装（膨胀水泥接口）

工作内容：切管、管口处理、管件安装、调制接口材料接口、养护。

定额编号　5-245～5-259　膨胀水泥接口铸铁管件安装　P48～P49

［应用释义］　膨胀水泥：水泥呈粉末状，与水混合后，经过物理化学反应过程，能由可塑性浆体变成坚硬的石状体，并能将散粒状材料胶结成为整体，所以水泥是一种良好的矿物胶凝材料，膨胀水泥便是其中一种，它在硬化过程中有不同的膨胀性，膨胀水泥因配制途径的不同分为以下几种类型：

1. 硅酸盐膨胀水泥：用硅酸盐水泥、高铝水泥和石膏按一定比例共同磨细或分别粉磨再经混匀而成，强度等级有 42.5、52.5、62.5 三级，膨胀率 1 天不得小于 0.3%，28d 膨胀率不得大于 1.0%。

2. 低热微膨胀水泥：GB 2938—1997，以粒化高炉矿渣为主要组分，加入适量的硅酸盐水泥熟料和石膏磨细制成的具有低水化热和微膨胀性能的水硬性胶凝材料。标号为 325，3d 水化热 170kJ/kg，28d 抗折强度 6.5MPa，28d 抗压强度为 32.5MPa，标号为 425，水化热 185kJ/kg，28d 抗折强度 8.0MPa，28d 抗压强度为 42.5MPa，线膨胀率：1d 不得小于 0.05%、7d 不得小于 0.10%、28d 不得大于 0.60%。

3. 明矾石膨胀水泥：JC/T 311—1997，以硅酸盐水泥熟料，天然明矾石，石膏和粒化高炉矿渣（或粉煤灰）按适当的比例磨细制成的具有膨胀性能的水硬性胶凝材料。分 425、525、625 三个标号。425：3d 内抗压强度为 17.5MPa，抗折强度为 3.5MPa，7d 内抗压强度为 26.5MPa，抗折强度为 4.5MPa，28d 内抗压强度为 42.5MPa，抗压强度为 6.5MPa；

膨胀水泥接口：是指密封填料部分是膨胀水泥。膨胀水泥在水化过程中体积膨胀，密度减小，体积增加，提高水密性和管壁的粘结能力，并产生密封性气泡，提高接口的抗渗性。

养护：在膨胀水泥接口完成后，应立即用浇湿草袋（或草帘）覆盖，1～2d 定时浇水使接口保持湿润状态，还可以用湿泥养护，接口填料终凝后，管内还可充水养护，但水压不得超过 0.1～0.2MPa，养护工作的目的保证接口的良好性。

四、铸铁管件安装（胶圈接口）

工作内容：选胶圈、清洗管口、上胶圈

定额编号　5-260～5-272　胶圈接口铸铁管件安装　P50～P51

［应用释义］　橡胶：是弹性体的一种，即使在常温下它也具有显著的弹性性能，在外力作用下它很快发生变形，变形可达百分之百，但当外力除去后，又会恢复到原来的状态，这是橡胶的主要性质，而且保持这种性质的温度区间范围很大。橡胶可分为天然橡胶与合成橡胶。

1. 天然橡胶：主要成分是异戊二烯高聚体：$\left[CH_2—C(CH_3)═CH—CH_2\right]_n$，其他还有少量水分，灰分，蛋白质及脂肪酸等。天然橡胶主要是由橡胶树的浆汁中取得，加入少量醋酸，氧化锌或氟硅酸钠即行凝固，凝固体经压制后成为生橡胶，再经硫化处理得到软质橡胶。天然橡胶的密度为 0.91～0.93 g/cm³，在 130～140℃软化，150～160℃变黏软，220℃熔化，270℃迅速分解，常温下弹性很大，易老化失去弹性，一般作为橡胶制品的原料。

2. 合成橡胶，又称为人工橡胶，制备时首先将基本原料制成单体，而后将单体合成为橡胶。制成单体的基本原料有：石油、天然气、煤、木材和农产品，用这些物质制成乙醇、丙酮、乙醛、饱和的与不饱和的碳氢化合物，然后再利用它们制得各种单体，由单体经聚合、缩合作用而合成橡胶。常用的橡胶有以下几种：(1) 氯丁橡胶，它是单体氯丁二烯聚合而成 $n\,(CH_2=C\,(Cl)-CH=CH_2)\xrightarrow{\text{聚合}}[CH_2-C\,(Cl)=CH-CH_2]_n$，绝缘性较差，但抗拉强度、透气性和耐磨性较好，氯丁橡胶为浅黄色及棕褐色弹性体，密度为 1.23g/cm³，溶于苯和氯仿，在矿物油中稍溶胀而不溶解，硫化后不易老化，耐油、耐热、耐臭氧，耐酸碱腐蚀性好，粘结力较高，脆化温度－35～－55℃，热分解温度 230～260℃。(2) 丁基橡胶，它是由异丁烯 $CH_3-C\,(CH_3)=CH_2$ 与少量异戊二烯 $CH_2=C\,(CH_3)-CH=CH_2$ 在低温下加聚而成，其结构式为：$[(\overset{\overset{CH_3}{|}}{\underset{\underset{CH_3}{|}}{C}}-CH_2)_m\;CH_2-\overset{\overset{CH_3}{|}}{C}=CH-CH_2]_n$，丁基橡胶是无色的弹性体，密度为 0.92g/cm³ 左右，能溶于五个碳以上的直链烷烃或芳香烃的溶剂中，它是耐化学腐蚀、耐老化、不透气性和绝缘性最好的橡胶，它具有抗撕裂性能好，耐热性好，吸水率小等优点，还具有较好的耐寒性，其脆化温度为－58℃。(3) 乙丙橡胶和三元乙丙橡胶，它是乙烯与丙烯的共聚物，其分子结构式为：$[(CH_2-CH_2)_m(\underset{\underset{CH_3}{|}}{CH}-CH_2)_p]_n$。乙丙橡胶的密度仅 0.85g/cm³ 左右，是最轻的橡胶，而且它的耐光、耐热、耐氧及耐臭氧，耐酸碱、耐磨等都非常好，也是最廉价的合成橡胶。(4) 丁腈橡胶，它是由丁二烯与丙烯腈 ($CH_2=CH-CN$) 的共聚物，对于油类及许多有机溶剂的抵抗力极强，耐热耐磨和抗老化的性能也胜于天然橡胶，缺点是绝缘性较差，塑性较低，加工较难，成本较高。(5) 再生橡胶又称再生胶，是由废旧轮胎和胶鞋等橡胶制品或生产中的下脚料经再生处理而得到的橡胶，来源广，价格低。

橡胶圈：由橡胶制成的垫圈，按管口的大小，公称直径的不同，制成大小不同的橡胶圈，如有：*DN*150、*DN*200、*DN*300、*DN*400、*DN*500、*DN*600、*DN*700、*DN*800、*DN*900、*DN*1000、*DN*1200、*DN*1400、*DN*1600 等种类，适合于不同管道接口。

胶圈接口：是承插性接口，密封材料是橡胶圈，而且橡胶圈在接口中处于受压缩状态，起到防渗作用，是取代油麻，作为承插式刚性接口理想的内层材料。

清洗管口：指对每根管子进行检查，查看有无露筋、裂纹、脱皮等缺陷，尤其注意承插口工作部分，且清擦干净，铲去所有粘结物。

上胶圈：把胶圈上到承口内，由于胶圈外径比承口凹槽内径稍大，故嵌入槽内后，需用手沿圈内轻轻压一遍，使之均匀一致卡在槽内。

五、承插式预应力混凝土转换件安装（石棉水泥接口）

工作内容：管中安装、接口、养护。

定额编号　5-273～5-284　石棉水泥接口承插式预应力混凝土转换件安装　P52～P53

[应用释义]　石棉水泥释义见定额编号5-215～5-229铸铁管件安装相关释义。

石棉水泥接口、接口、养护释义见定额编号5-16～5-30承插铸铁管安装（石棉水泥接口）相关释义。

转换件：是一种特制的铸铁配件，预应力和自应力钢筋混凝土管都为承插式接口。

六、塑料管件安装

1. 粘结

工作内容：切管、坡口、清理工作面、管件安装。

定额编号　5-285～5-292　粘结　P54

[应用释义]　塑料：是以石油为原始材料制得的一类高分子材料，具有以下特性：

1. 密度低，自重轻，密度通常在0.90～2.2g/cm³之间，比铝轻约1/2，仅为钢的1/7～1/5，轻质，不仅减轻施工时的劳动强度，而且大大减轻管的自重。

2. 优良的加工性能，可以用各种方法加工成型且加工性能优良。

3. 具有多种功能，种类多，可加工成具有各种特殊性能的材料，是一种柔软富有弹性的密封材料。

4. 出色的装饰性能，不过塑料也存在一些缺点，主要是耐热性差，易燃烧，在日光、大气、热等作用下会老化，塑料的主要成分是合成树脂，即用人工合成的高分子聚合物。

塑料管件：指由塑料制成的管，按制造原料的不同，分为硬聚氯乙烯管（UPVC管），聚乙烯管（PE管）和工程塑料管（ABS管），共同特点是质轻、耐腐蚀性好、管内壁光滑、流体摩擦阻力小、使用寿命长。塑料管件相关释义见定额编号5-92～5-99塑料管件安装（胶圈接口）释义。

胶粘剂：是一种能在两个物体的表面间形成薄膜并能把它们紧密地胶接起来的材料，胶粘剂又称为粘合剂或胶粘剂。

1. 胶粘剂一般都是由多组分物质所组成。(1) 粘料，即粘合物质是胶粘剂的基本组分，它是决定胶粘剂粘结性能的主要材料，常见的粘料类型有热固性树脂，热塑性树脂合成橡胶及混合型粘料。(2) 硬化剂（和催化剂），硬化剂的加入是为使某些线型高分子化合物与它交联成体型结构，有些情况下，胶粘剂中加入催化剂可以加速高分子化合物的硬化过程。(3) 填料，可降低胶粘剂的成本并改善胶粘剂的性能：使其黏度增大、减少收缩性、并可提高强度以及耐热性。(4) 其他附加剂：按胶粘剂特殊要求，可掺加增塑剂、防霉剂、防腐剂、稳定剂等。

2. 常用的胶粘剂有以下几种：(1) 热塑性合成树脂胶粘剂。①聚乙烯醇缩甲醛胶粘剂（商品名108胶）是以聚乙烯醇与甲醛在酸性介质中进行缩合反应而制得的一种透明的水溶性胶体，无毒、无味、具有较高的粘结强度和较好的耐水、耐油、耐磨及耐老化性能。②聚醋酸乙烯乳胶（俗称白胶水）是由醋酸与乙烯合成醋酸乙烯，再经乳液聚合而成的一种乳白色，具有酯类芳香的乳状液体，可在常温下固化，配制使用方便，具有良好的粘结强度，粘结层有较好的韧性和耐久性，而且无毒、无味、快干、耐老化、耐油，但价格较贵，有耐水与耐热性不佳，易徐变等缺点。(2) 热固性合成树脂胶粘剂，有环氧树脂胶粘剂和聚氨酯胶粘剂两种。①环氧树脂胶粘剂，是以环氧树脂为主要原料，掺加适量硬化剂，增塑剂，填料和稀释剂等配制而成，环氧树脂是含有环氧基的线型高分子化合物，它与不同的硬化剂作用后，能形成体型结构，并对各种材料具有优良的粘附力和粘结强度，一般的环氧树脂是由二酚基丙烷与环氧氯丙烷缩聚而成，具有粘结强度高、韧性好、耐酸碱、耐水及化学稳定性好等优点。②聚氨酯胶粘剂：是以多异氰酸酯或聚氨基甲酸酯（简称聚酯）为基料的胶粘剂，是一种能在室温下固化的胶粘剂，具有粘结力强、胶膜柔软、耐溶剂、耐油、耐水、耐酸、耐震等特点，主要对纸张、木材、玻璃、金属、塑料等材料具有良好的粘结力。

坡口：指塑料管、板焊接时，两管件的接口一般要求有坡口，如 V 形坡口、X 形坡口。X 形坡口焊缝为两面焊接，热应力分布比较均匀，强度较高。

2. 胶圈

工作内容：切管、坡口、清理工作面、管件安装、上胶圈。

定额编号 5-293～5-300 胶圈塑料管件安装 P55

[**应用释义**] 切管：指切断管件，是管道加工的一道工序，切断过程常称为下料。管道切断常用的方法可分为手工切断和机械切断两类。手工切断主要有钢锯切断、錾断、管子割刀切断、气割，机械切断主要有砂轮切割机切断、套丝机切断、专用管子切割机切断等。切管方法见定额编号 5-100～5-112 铸铁管新旧管连接（青铅接口）相关释义。

橡胶释义见定额编号 5-260～5-272 胶圈接口铸铁管件安装释义。

上胶圈释义见定额编号 5-260～5-272 胶圈接口铸铁管件安装释义。

胶圈：见定额编号 5-260～5-272 胶圈接口铸铁管件安装释义。

七、分水栓安装

工作内容：定位、开关、阀门、开孔、接驳、通水试验。

定额编号 5-301～5-305 分水栓安装 P56～P57

[**应用释义**] 弯头释义见第三章管件安装第一节说明应用释义第二条。

通水试验：指检查分水栓安装后管道注满水，在一定时间内，检查管内水面是否下降、管道是否漏水的试验。

分水栓：指在管线的节点处安装分水栓，由主管道到各支管道供给水用，以及检修管道时，停止分水，以便维持。分水栓直接垂直安装在水平管线上，在严寒易冻地区须用防冻分水栓。

开关阀门：阀门类的一种形式，是利用装在阀杆下面的阀盘与阀体的突缘部分相配合以控制开关的阀门，结构简单、密封性能好、检修方便，安装时应使介质的流动方向与阀体上箭头所指示的方向一致，即“低进高出”，方向不能装反。

公称直径释义见第一章管道安装第一节说明应用释义第六条。

八、马鞍卡子安装

工作内容：定位、安装、钻孔、通水试验。

定额编号 5-306～5-316 马鞍卡子安装 P58～P59

[**应用释义**] 水泥 42.5 级常指硅酸盐水泥的抗压强度为 42.5MPa，水泥呈粉末状，与水混合后，经过物理化学反应过程能由可塑性浆体变成坚硬的石状体，并能将散粒状材

料胶合结成整体，是一种良好的矿物胶凝材料。由硅酸盐水泥熟料、0～5%石灰石或粒化高炉矿渣、适量石膏磨细制成的水硬性胶凝材料，称为硅酸盐水泥（波特兰水泥）。硅酸盐水泥分两种类型，不掺加混合材料的称Ⅰ型硅酸盐水泥，其代号为P·Ⅰ；在硅酸盐水泥熟料粉磨时掺加不超过水泥质量5%石灰石或粒化高炉矿渣混合材料的称Ⅱ型硅酸盐水泥，其代号为P·Ⅱ，硅酸盐水泥分以下几种：

1. 普通硅酸盐水泥，凡由硅酸盐水泥熟料、6%～15%混合材料、适量石膏磨细制成的水硬性胶凝材料，代号为P·O。按照国家标准《硅酸盐、普通硅酸盐水泥》（GB 175—1999）的规定普通硅酸盐水泥强度等级分为32.5、32.5R、42.5、42.5R、52.5、52.5R。各强度等级水泥的各龄期强度不得低于表2-28中的数值，普通水泥的初凝不得早于45min，终凝时间不得迟于10h，在80μm方孔筛上的筛余不得超过10%，煮沸安定性必须合格。普通硅酸盐水泥由于掺入了少量的混合材料，与硅酸盐水泥相比，早期硬化速度稍慢，其3d、7d的抗压强度稍低，抗冻性、耐磨性能也稍差，普通硅酸盐水泥各龄期的强度要求如表2-28所示。

普通硅酸盐水泥各龄期的强度要求（GB 175—1999）　表2-28

强度等级	抗压强度（MPa）		抗折强度（MPa）		强度等级	抗压强度（MPa）		抗折强度（MPa）	
	3d	28d	3d	28d		3d	28d	3d	28d
32.5	11.0	32.5	2.5	5.5	42.5R	21.0	42.5	4.0	6.5
32.5R	16.0	32.5	3.5	6.5	52.5	22.0	52.5	4.0	7.0
42.5	16.0	42.5	3.5	6.5	52.5R	26.0	52.5	5.0	7.0

2. 矿渣硅酸盐水泥：凡由硅酸盐水泥熟料和粒化高炉矿渣，适量石膏磨细制成的水硬性胶凝材料，称为矿渣硅酸盐水泥（简称矿渣水泥）代号P·S。水泥中粒化高炉矿渣掺加量按质量百分比计为20%～70%，允许用石灰石、窑灰、粉煤灰和火山灰质混合材料中的一种材料代替矿渣，代替数量不得超过水泥质量的8%，替代后水泥中粒化高炉矿渣不得小于20%，按照国家标准《矿渣硅酸盐水泥、火山灰质硅酸盐水泥及粉煤灰硅酸盐水泥》（GB 1344—1999）规定，水泥熟料中氧化镁的含量不得超过5.0%，如水泥经压蒸安定性试验合格，则水泥熟料中氧化镁的含量允许放宽到6.0%。水泥中三氧化硫的含量不超过4.0%，矿渣硅酸盐水泥强度等级分为32.5、32.5R、42.5、42.5R、52.5、52.5R，矿渣硅酸盐水泥对细度、凝结时间及体积安定性的要求与普通硅酸盐水泥相同，这种水泥的密度通常为2.8～3.1g/cm^3，堆积密度约为1000～1200kg/m^3。

3. 火山灰质硅酸盐水泥，凡由硅酸盐水泥熟料和火山灰质混合材料、适量石膏磨细制成的水硬性胶凝材料称为火山灰质硅酸盐水泥（简称火山灰水泥），代号P·P。水泥中火山灰质混合材料掺加量按质量百分比计为20%～50%，按照国家标准《矿渣硅酸盐水泥、火山灰硅酸盐水泥及粉煤灰硅酸盐水泥》（GB 1344—1999）规定，火山灰水泥熟料中氧化镁的含量不得超过5.0%，火山灰质硅酸盐水泥的强度等级及在各龄期的强度数值与矿渣水泥相同，水泥的密度较小，通常为2.8～3.1g/cm^3，堆积密度约为900～1000kg/m^3，火山灰质硅酸盐水泥硬化速度较慢，早期强度低，但后期强度可以赶上甚至超过普通硅酸盐水泥，水化热较小，有较高的紧密度和抗渗性，有很强的抗淡水侵蚀的能力，一般对硫酸盐腐蚀也有较强的抵抗力，但不耐热，水泥需水量大、收缩大、抗冻性差、抗碳化能力差。

4. 粉煤灰硅酸盐水泥：凡由硅酸盐水泥熟料和粉煤灰、适量石膏磨细制成的水硬性胶凝材料称为粉煤灰硅酸盐水泥（简称粉煤灰水泥），代号P·F。水泥中粉煤灰掺加量按质量百分比计为20%～40%。按照国家标准《矿渣硅酸盐水泥、火山灰质硅酸盐水泥及粉煤灰硅酸盐水泥》(GB 1344—1999)，对粉煤灰硅酸盐水泥的品质要求同火山灰质硅酸盐水泥，各种强度等级的粉煤灰硅酸盐水泥在各龄期的强度数值与矿渣硅酸盐水泥、火山灰质硅酸盐水泥相同，如下表2-29所示。

矿渣水泥、火山灰水泥及粉煤灰水泥各龄期的强度要求（GB 1344—1999）　表2-29

强度等级	抗压强度（MPa）		抗折强度（MPa）		强度等级	抗压强度（MPa）		抗折强度（MPa）	
	3d	28d	3d	28d		3d	28d	3d	28d
32.5	10.0	32.5	2.5	5.5	42.5R	19.0	42.5	4.0	6.5
32.5R	15.0	32.5	3.5	5.5	52.5	21.0	52.5	4.0	7.0
42.5	15.0	42.5	3.5	6.5	52.5R	23.0	52.5	4.5	7.0

粉煤灰硅酸盐水水化热较小，吸附水的能力较小，干缩性较小，抗裂性较高，耐硫酸盐腐蚀能力较强，耐冻性较差，并随粉煤灰掺量的增加而降低，抗碳化性能较差。

5. 复合硅酸盐水泥：凡由硅酸盐水泥熟料、两种或两种以上规定的混合材料、适量石膏磨细制成的水硬性胶凝材料，称为复合硅酸盐水泥（简称复合水泥），代号P·C。水泥中混合材料总掺量按质量百分比应大于15%，但不超过50%。按照国家标准《复合硅酸盐水泥》（GB 12958—1999）的规定，复合硅酸盐水泥熟料中氧化镁的含量不得超过5.0%，如水泥经压蒸安定性试验合格，则熟料中氯化镁的含量允许放宽到6.0%。水泥中三氧化硫的含量不得超过3.5%。80μm方孔筛筛余不得超过10.0%。强度等级分为32.5、32.5R、42.5、42.5R、52.5、52.5R。各强度等级水泥的各龄期强度如表2-30所示，不低于其数值，对强度、初凝时间及体积安定性的要求与普通硅酸盐水泥相同，终凝时间应不迟于10h，复合硅酸盐水泥的特性取决于所掺的两种混合材的种类、掺量及相对比例。

油麻：见定额编号5-215～5-229铸铁管件安装相关释义。

汽车式起重机释义见定额编号5-1～5-15承插式铸铁管安装（青铅接口）相关释义。

复合硅酸盐水泥各龄期的强度要求　表2-30

强度等级	抗压强度（MPa）		抗折强度（MPa）		强度等级	抗压强度（MPa）		抗折强度（MPa）	
	3d	28d	3d	28d		3d	28d	3d	28d
32.5	11.0	32.5	2.5	5.5	42.5R	21.0	42.5	4.0	6.5
32.5R	16.0	32.5	3.5	5.5	52.5	22.0	52.5	4.0	7.0
42.5	16.0	42.5	3.5	6.5	52.5R	26.0	52.5	5.0	7.0

橡胶板、石棉橡胶板，见定额编号 5-139～5-152 焊接钢管新旧管连接相关释义。

带帽、带垫螺栓：是指配有螺帽、垫圈的螺栓。

1. 螺栓按外形分为六角、方头和双头三种。按制造工艺分为粗制、半精制、精制三种。给排水管道工程中常用粗制、半精制粗牙普通螺距六角头螺栓。粗制螺栓的毛坯用冲制或锻压方法制成。钉头和栓杆均不加工，螺纹用切削或滚压方法制成，这种螺栓因精度较差，多用于土建、钢、木结构中。精制螺栓用六角料车制而成，螺纹及所有表面均经过加工，精制螺栓又分为普通精制螺栓和配合螺栓。由于制造精度高，在机械中应用较广。螺栓按外形分为六角、方头和双头螺栓，螺栓的表示：粗牙普通螺栓为公称直径×长度，如 M8×10 表示公称直径为 8mm，螺栓长为 10mm。

2. 垫圈，置于被紧固件与螺母之间，能增大螺母与被紧固件间的接触面积，降低螺母作用在单位面积上的压力，并起保护被紧固件表面不受摩擦损伤的作用，分平垫圈和弹簧垫圈两种。给排水管道工程中常采用平垫圈。弹簧垫圈富有弹性，能防止螺母松动。带帽、带垫螺栓就是由螺母、垫圈、螺栓组合在一起紧固固件的零件，是一种常用的紧固件。

马鞍卡子：指将管道支承固定于墙柱上的支承铁件，形似马鞍，马鞍卡子不仅起支托作用，还可将管子卡住固定不动，马鞍卡子的安装可参照《全国通用给水排水标准图集》。S129 马鞍卡子安装所列直径套用本定额。

定位：马鞍卡子安装时，先要指定安装位置。在不同使用功能的管道中，位置亦不同，根据它的作用来确定。

通水试验：指管道及附件安装和铺设完毕后，并达到足够的强度而需要进行检查管道密封性能等，而向管内充水检查的试验。一般充水高度为：试验段上游设计水头不超过管顶内壁时，试验水头从试验段上游管顶内壁加 2m；试验段上游设计水头超过管顶内壁时，试验水头以试验段上游设计水头加 2m；计算出的试验水头超过上游检查井井口时，试验水头以上游检查井井口高度为准，试验管段灌满水浸泡 24h，且试验水头达到规定值后开始计时，观测管道的渗水量，直至观测结束时，应不断向试验管段内补水，保持试验水头恒定，渗水量的观测时间不得少于 30min。

九、二合三通安装（青铅接口）

工作内容：管口处理、定位、安装、钻孔、接口、通水试验。

定额编号　5-317～5-324　二合三通安装、青铅接口　P60

[应用释义]　白厚漆：又称白铅油，是铅丹粉拌干性油（鱼油）的产物，在管螺纹接口中，麻主要起填充止水作用，白铅油初期将麻粘结在管螺纹上，干燥后，也起填充作用。使用时，先将白铅油用废锯条或排笔涂于外管螺纹上（白铅油过稠可用机油调合），然后将油麻用手抖松成薄而均匀的片状，顺螺纹方向缠绕 2～3 圈，拧入阀门或管件，用管钳上紧即可。由此，白铅油不仅增加了接触面的严密性，而且又起粘结作用，方便更换。

乙炔气：一种能够燃烧并发出大量热量的气体，化学符号为 C_2H_2。与 O_2 反应的化学式为：$2C_2H_2+5O_2 \xrightarrow{\text{点燃}} 4CO_2+2H_2O+Q$，$Q$ 为焊接时，乙炔焰燃烧释放的热量。

青铅接口：承插式刚性接口形式的一种，一般由嵌缝和密封材料组成，青铅作为密封材料，使承插口缝隙均匀，为增加接口的黏着力，需保证密封填料青铅击打密实，而且能防止青铅掉入管内，铅接口具有良好的防震，抗弯性能，通水性好，而且铅具有柔性，当铅接口的管道渗漏时，不必剔口，只需将铅用麻錾锤击即可堵漏。但是铅是有毒物质，能通过呼吸道、口腔和皮肤侵入人体，如果人体吸入过多，就会引起中毒，而且在熔铅时，操作不当易引起爆炸，铅的来源少，成本高，故目前使用铅接口较少，只有在重要部位，如穿越河流、铁路、地基不均匀沉降地段采用。

二合三通：又称二联三通，是指带有两个管道的三通管，一般情况下，是在管道的两端一合一通，再在其中部平行设置一合二通而一起组成二合三通管，安装时，应注意管道接口的方向。

接口：指一系列的操作工序，首先是安设灌铅卡箍，再熔铅，接着运送铅溶液，再灌铅，最后拆除卡箍，接口过程复杂，接口必须干燥，否则会发生爆炸，卡箍要贴紧管壁和管子承口，接缝处用泥抹严，以免漏铅，并且防止火灾，注意安全。

橡胶板释义见定额编号 5-306～5-316 马鞍卡子安装相关释义。

十、二合三通安装（石棉水泥接口）

工作内容：管口处理、定位、安装、钻孔、接口、通水试验。

定额编号 5-325～5-332 石棉水泥接口二合三通安装 P61

[应用释义] 石棉水泥、石棉水泥接口：见定额编号 5-230～5-244 石棉水泥接口铸铁管件安装相关释义。

三通：是主管道与分支管道相连接的管件，根据制造材质和用途的不同，划分为很多种，从规格上划分为同径三通和异径三通（等径三通)。同径三通是指分支接管的管径与主管管径相同，异径三通是指分支管的管径不同于主管的管径，也称为不等径三通。见第三章管件安装第一节说明应用释义第一条。

汽车式起重机见定额编号 5-1～5-15 承插铸铁管安装（青铅接口）释义。

管口处理：指对管口表面进行检查处理，管口要平齐，即断面与管子轴线要垂直，管口不仅会影响套丝、粘结等接口质量，管口内外无毛刺和铁渣，以免影响介质流动；管口不应产生断面收缩，以免减小管子的有限断面积而减少流量以及管口表面常有各种污物，如灰尘、污垢、油渍等均要求作管口处理。

石棉绒释义见定额编号 5-215～5-229 铸铁管件安装相关释义。

十一、铸铁穿墙管安装

工作内容：切管、管件安装、接口、养护。

定额编号 5-333～5-356 铸铁穿墙管安装 P62～P64

[应用释义] 角钢：属于热轧型钢，分为等边角钢和不等边角钢两种。等边角钢（或等肢角钢）以肢宽和肢厚表示，如∟100×10 即为肢宽 100mm，肢厚为 10mm 的等边角钢，不等边角钢则是以两肢的宽度和厚度表示；如∟100×80×8 即为长肢宽 100mm，短肢宽 80mm，肢厚为 8mm 的不等边角钢，角钢可用作受力构件或连接零件。我国目前生产的等边角钢肢宽 20～200mm；肢厚 3～24mm；不等边角钢肢宽 25mm×16mm～200mm×125mm，肢厚 3～18mm，角钢长度一般为 3～19m。

电焊条：电焊时熔化填充在工件的结合处的金属条。

石棉绒：见定额编号 5-113～5-125 铸铁管新旧管连接（石棉水泥接口）相关释义。

油麻：见定额编号 5-215～5-229 铸铁管件安装相关释义。

石棉橡胶板：见定额编号 5-139～5-152 焊接钢管新旧管连接相关释义。

直流电焊机：电焊机由变压器，电流调节器及振荡器等部件组成，各部件作用各不同：

1. 变压器：当电源的电压为 220V 或 380V 时，经变压器输出后安全电压达到 55～65V，供焊接使用。

2. 电流调节器：由于金属焊件的厚薄不同，需对焊接电流进行调节，电流强度 $I=(20+6d)\ d$，其中 d 为焊条直径，一般电焊条的直径不大于焊件厚度，通常钢管焊接采用直径 3～4mm 的焊条。

3. 振荡器：用以提高电流的频率，将电源 50Hz 的频率提高到 250000Hz，使交流电的交变间隔趋于无限小，增加电弧的稳定性，以利提高焊接的质量，直流电焊机则指在直流电压下工作的电焊机。

公称直径释义见第一章管道安装第一节说明应用释义第六条。

法兰相关释义见第一章管道安装第一节说明应用释义第一条。

切管相关释义见定额编号 5-100～5-112 铸铁管新旧管连接（青铅接口）释义。

十二、法兰式水表组成与安装（有旁通管有止回阀）

工作内容：清洗检查、焊接、制垫加垫、水表、阀门安装、上螺栓。

定额编号　5-357～5-363　法兰式水表组成与安装（有旁通管有止回阀）　P65～P66

[应用释义]　平焊法兰：给排水工程中常用平焊法兰，由法兰盘构成不带有短管的密封面，根据耐压等级可制成光滑面，凹凸面和榫槽面三种。这种法兰制造简单、成本低、施工现场既可采用成品，又可按国家标准在现场用钢板加工，可用于公称压力不超过 2.5MPa，工作温度不超过 300℃的管道上，由于公称直径的不同，有许多不同的型号如：*DN*50、*DN*80、*DN*100、*DN*150、*DN*200、*DN*250、*DN*300 等多种。

见第三章管安装第一节说明应用释义第一条释义中相关内容。

焊接弯头：也称虾米腰、虾体弯头，是由若干节带有斜截面的直管段焊接而成的，每个弯头有两个端节和若干个中间节，中间节两端带斜截面，端节一端带斜截面，长度为中间节的一半，公称通径小于 400mm 的焊接弯头，可根据设计要求用焊接钢管或无缝钢管制作，公称通径大于 400mm 的焊接弯头，一般用钢板卷制，其规格范围一般在 200mm 以上，使用压力在 2.5MPa 以下，温度不能大于 200℃，一般在施工现场制作。

焊接钢管、无缝钢管、石棉橡胶板，见定额编号 5-139～5-152 焊接钢管新旧管连接释义。

电焊条：是由金属焊条芯和焊药层两部分组成，焊药层易受潮，受潮的焊条在使用时不易点火起弧，且电弧不稳定易断弧，因此电焊条一般用塑料袋密封存放在干燥通风处。受潮的焊条不能使用或经干燥后使用，焊条牌号表示：$\underline{T}\ \underline{\times\times}\ \underline{\times}$。$T$ 表示结构钢电焊条；$\underline{\times\times}$数字表示焊缝抗拉强度；$\underline{\times}$数字表示药皮类型及电源要求。

常用电焊条的牌号及适用范围，见表 2-31 所示。

常用电焊条的牌号及适用范围 表 2-31

焊条牌号 (GB981—761)	焊条牌号 (GB5117—85)	焊缝抗拉强度 (MPa)	药皮类型	焊接电源	主要用途
T42—1	E4313	420	钛型	直流或交流	焊接低碳钢管道等
T42—2	E4303	420	钛钙型	直流或交流	焊接受压容器、高压管道等
T42—3	E4301	420	钛铁矿型	直流或交流	焊接受压容器、高压管道等
T42—4	E4320	420	氧化铁型	直流或交流	焊接钢管、支架等
T50—7	E5015	500	低氢型	直流	焊锅炉、压力容器等

国标（GB/T 5117 或 GB/T 5118）焊条牌号中，*E* 表示焊条，左起第一第二两数字（两位），表示熔敷金属的最低抗拉强度。第三位数字表示焊接位置，第四位数字表示焊条的药皮类型及适用电源种类。

白铅油：见定额编号 5-317～5-324 二合三通安装、青铅接口相关释义。

水表释义见第三章管件安装第一节说明应用释义第一条。

阀门：是由阀体、阀瓣、阀盖、阀杆及手轮等部件组成，是给排水、采暖、煤气工程中应用极为广泛的一种部件，其作用是关闭或开启管路以及调节管道内介质的流量和压力，阀门的种类很多。

1. 按其动作特点分为驱动阀门和自动阀门两大类。

（1）驱动阀门：是用手或其他动力操纵的阀门。①闸阀：又称闸门或闸板阀，又有“水门”之称，属于全闭型阀门，不宜作频繁开闭或调节用水量。当闸板被阀杆提升时，阀门便开启，流体通过。优点是：流体阻力小，安装无方向性要求。缺点是：闸板易被流动介质擦伤而影响密封性能，还易被杂质卡住造成启闭困难。*a.* 闸阀按阀杆结构形式分为明杆和暗杆两类：明杆闸阀可根据阀杆伸出的长度（有的明杆闸阀装有杆高尺），判断出其开闭状态，但阀杆易生锈，故一般用于干燥的室内管道上；暗杆闸门不需要像明杆闸阀那样高的空间，阀杆在阀体内不易生锈，故常用于室外管道上。*b.* 闸阀按阀芯的结构形式分为楔式、平行式、弹性闸板。平行式闸板两边的密封面是平行的，又称双闸板闸阀；楔式闸板大多加工成单闸板；弹性闸板，其闸板是一整块，由于其密封面制造要求高，适宜在较高温度下输送黏性较大的介质，多用于石油及化工管道上。②截止阀：利用装在阀杆下面的阀盘与阀体的凸缘部分相配合以控制阀的启、闭，结构简单、密封性能好、检修方便。缺点是流体阻力比闸阀大，常用于工业管道和采暖管道上，可用于蒸汽、水、空气、氨、油及腐蚀性介质的管道上，介质的流动方向与阀体上所指示的方向一致，即“低进高出”。筒形阀体的截止阀其水流阻力较大，角形截止阀是一种介质通过角形阀后流向改变 90°角的截止阀。

（2）自动阀门：是依靠介质本身的流量、压力或温度参数发生的变化而自行动作的阀门，属于这类阀门的有止回阀（逆止阀、单向阀）、安全阀、浮球阀、液位控制阀、减压阀等。①止回阀又称逆止阀、单向阀。此种阀门是一种能自动开闭的阀门，阀体内有阀盖板，当流体按预定方向流动时，靠流体自身压力就可以将阀门开启；当流体往回流时阀盖板自动关阀，故称止回阀。止回阀按照结构分为升降式和旋启式。*a*. 升降式止回阀的阀体与截止阀的阀体相同，为使阀瓣准确落在阀座上，阀盖上设有导向槽，阀瓣上有导杆，并可在导向槽内自由升降，当介质自左向右流动时，在压力作用下顶起阀瓣即成通路，反之阀瓣由于自重下落关闭，介质不能逆流，多用于水平管道上。*b*. 旋启式止回阀的阀瓣是围绕销轴旋转来启闭的，阀瓣有单瓣和多瓣之分，可安装在水平管道，又可安装在垂直管道上。②球阀：作关闭或开启设备和管道用，阀芯起关闭作用的是一个有孔的球体，旋转球体达到开关的目的，优点是体积小、重量轻、开关迅速、操作方便、流体阻力小。最大公称直径为200mm。③蝶阀：是靠旋转体内阀板来达到开关目的。结构比较简单，其优点是外形体积比较小、重量轻、开关方便、流体阻力小，适用于直径较大的输送水、空气、原油和油品等介质的低压管道上。④隔膜阀：一般用于腐蚀性介质，它是用橡胶或塑料制成隔膜，与阀瓣相连，随阀瓣上、下移动来达到开启或关闭作用，既能保证密封，又能防腐。⑤旋塞阀：又称转心门，是通过转动阀体中带有透孔的锥形旋塞，起到控制介质流量的作用。其连接形式，有螺纹连接和法兰连接两种，制造材质为灰铸铁，旋塞的优点是开闭迅速，流体通过时阻力比较小，适用于输送带有沉淀物质的管道上，并且温度不超过200℃，压力1.6MPa以下。⑥减压阀，作用是使自动设备或管道内介质的压力减到所需要的数值，其形式有薄膜式、活塞式、弹簧薄膜式、波纹管式等。⑦安全阀：用于锅炉、容器等设备和管道上，当介质压力超过规定数值时，它能自动开启，排除过剩介质压力，常用的有杠杆式，弹簧式和脉冲式等。⑧疏水阀：又称疏水器，主要用于蒸汽管道和加热器、散热器等蒸汽系统中，供自动排除冷凝水，并防止蒸汽泄漏。

2. 按工作压力，阀门可分为：低压阀门（≤1.6MPa），中压阀门（2.5～6.4MPa），高压阀门（≥10MPa），超高压阀门（>100MPa）。

3. 按制造材料，阀门分为金属阀门和非金属阀门两大类。金属阀门主要由铸铁、钢、铜制作，非金属阀门主要由塑料制造。

法兰：是固定在管口上的带螺栓孔的圆盘，法兰连接严密性好，拆卸安装方便，故用于需要检修或定期清理的阀门、管路附属设备与管子的连接。法兰可分为以下几种：

1. 平焊法兰，是最常用的一种，这种法兰与管子的固定形式是将法兰套在管端，焊接法兰里口和外口，使法兰固定，适用公称压力不超过2.5MPa，用于碳素钢管道连接的平焊法兰，一般用Q235和20号钢板制造；用于不锈耐酸钢管管道上的平焊法兰，应用与管子材质相同的不锈耐酸钢板制造。平焊钢法兰密封面，一般都为光滑式，密封面上加工有浅沟槽，通常称为水线，规格范围如下：公称压力*PN*为0.25MPa的为*DN*10～*DN*1600，*PN*为0.6MPa的为*DN*10～*DN*1000，*PN*为1.0～1.6MPa的为*DN*10～*DN*600，*PN*为2.5MPa的为*DN*10～*DN*500。

2. 对焊法兰，也称高颈法兰和大尾巴法兰，它的强度大，不易变形，密封性能较好，有多种形式的密封面，适用的压力范围很广，这种法兰本体带一段短管，法兰与管子的连接实质上是短管与管子的对口焊接，故称对焊法兰。光滑式对焊法兰，其公称压力为2.5MPa以下，规格范围为*DN*10～*DN*800。凹凸式密封面对焊法兰，由于凹凸密封面严密性强，承受的压力大，每副法兰的密封面，必须一个是凹面，另一个是凸面，常用的公称压力范围为 4.0～16.0MPa，规格范围为 DN15～DN400。榫槽式密封面对焊法兰，这种法兰密封性能好，结构形式类似凹凸式密封面法兰，一副法兰必须两个配套使用，公称压力范围 1.6～6.4MPa，规格范围 DN15～DN400。梯形槽式密封面对焊法兰，这种法兰在石油工业管道比较常用，承受压力大，常用在公称压力为 6.4～16.0MPa，规格范围为 DN15～DN250。

3. 管口翻边活动法兰，也称卷边松套法兰，这种法兰与管道不直接焊接在一起，而是以管口翻边为密封接触面，松套法兰起紧固作用，多用于铜、铅等有色金属及不锈耐酸钢管道上，其最大优点是由于法兰可以自由活动、法兰穿螺栓时非常方便。缺点是不能承受较大的压力，适用于公称压力 0.6MPa 以下的管道连接，规格范围为 DN10～DN500，法兰材料为 Q235 号钢。

4. 焊环活动法兰，也称焊环松套法兰，它是将与管子相同材质的焊环，直接焊在管端，利用焊环作密封面，其密封面有光滑式和榫槽式两种，焊环法兰多用于管壁较厚的不锈钢管和钢管法兰的连接，法兰的材料为 Q235、Q255 碳素钢。其公称压力和规格范围 PN0.25MPa 为 DN10～DN450，PN1.0MPa 为 DN10～DN300；PN1.6MPa 为DN10～DN200。

5. 螺纹法兰，是用螺纹与管端连接的法兰，有高压和低压两种，低压螺纹法兰包括钢制和铸铁制造两种，随着工业的发展，低压螺纹法兰已被平焊法兰所代替，高压螺纹法兰密封面由管端与透镜垫圈形成，对螺纹与管端垫圈接触面的加工要求精密度很高，适用公称压力 PN22.0MPa，PN32.0MPa，其规格范围为 DN6～DN150。

6. 对焊翻边短管活动法兰，其结构形式与翻边活动法兰基本相同，不同之处是它不在管端直接翻边，而是在管端焊成一个成品翻边短管，其优点是翻边的质量较好，密封面平整，适用于压力在 2.5MPa 以下的管道连接，其规格范围是 DN15～DN300。

7. 插入焊法兰：其结构形式与平焊法兰基本相同，不同之处在于法兰口内有一个环形凸台，平焊法兰没有这个凸台。插入焊法兰适用压力在 1.6MPa 以下，其规格范围为 DN15～DN80。

8. 铸铁两半式活动法兰，这种法兰可以灵活拆卸，随时安装，它是利用管端两个平面紧密结合以达到密封效果，适用压力较低的管道，如陶瓷管道的连接，其规格范围为 DN25～DN300。

第四章　管道附属构筑物

第一节　说明应用释义

一、本章定额内容包括砖砌圆形阀门井、砖砌矩形卧式阀门井、砖砌矩形水表井、消火栓井、圆形排泥湿井、管道支墩工程。

［应用释义］　消火栓：是消防用水管道上一种装置，有出水口和水门，供救火时接水龙带用，消火栓分为室内消火栓和室外消火栓。

1. 室内消火栓由消火栓、水龙带、水枪、消火栓箱组成，其品种有单出口、双出口两种，常用的规格有 $DN50$ 及 $DN65$。

2. 室外消火栓分地下式、地上式两种。就安装形式而言，地上式分为甲型和乙型，地下式分甲型、乙型和丙型。消防规范规定，接室外消火栓的管径不小于 100mm，相邻两消火栓的间距不应大于 120m，距离建筑物外墙不得小于 5m，距离车行道边不大于 2m。消火栓井则是为消火栓设置的井，井室的深度由消火栓来确定，便于灭火。

支墩：指在承插式接口的给水管道，在转弯处、三通管端处，会产生向外的推力，当推力较大时易引起承插口接头松动，脱节造成破坏，所以在承插式管道垂直或水平方向转弯等处设置支墩，支墩是由砖、混凝土、浆砌块石等砌成的实体，当 $DN \leqslant 350$mm 时或转角小于 $5^{\circ} \sim 10^{\circ}$，且压力不大于 1.0MPa，其接头足以承受推力时可不设支墩。支墩应根据管径，转弯角度，试压标准，接口摩擦力等因素通过计算来确定。

砖砌：指用砖石砌成墙体构筑物，可以有不同的形状，如砖砌圆形，砖砌矩形等形状，主要是根据需要进行选择。砌墙砖有不同类型，砖按孔洞率分有：无孔洞或孔洞率小于 15%的实心砖（普通砖）；孔洞率等于或大于 15%，孔的尺寸小而数量多的多孔砖；孔洞率等于或大于 15%，孔的尺寸大而数量少的空心砖等。砖按制造工艺分有：经焙烧而成的烧结砖；经蒸汽（常压或高压）养护而成的蒸养砖；以自然养护而成的免烧砖等。

1. 烧结砖，凡经焙烧而制成的砖，称为烧结砖，根据其孔洞率大小分别有烧结普通砖，烧结多孔砖和烧结实心砖三种。

(1) 烧结普通砖，是以黏土、页岩、煤矸石、粉煤灰等原料为主，并加入少量添加料，经配料、混合均匀化、制坯、干燥、预热、焙烧而成。烧结砖有黏土砖（N）、页岩砖（Y）、煤矸石砖（M）、粉煤灰砖（F）等多种，烧结普通砖的公称尺寸，长度为 240mm，宽度为 115mm，高度为 53mm，其中黏土砖应用较多，黏土砖的表观密度在 1600～1800kg/m^3 之间，吸水率一般为 6%～18%，导热系数为 0.55W/m·K 左右，国家标准《烧结普通砖》（GB5101—1998）中对烧结普通砖的尺寸偏差、外观质量、强度等级、抗风化性质等主要性能指标均有具体规定。

(2) 烧结多孔砖，是以黏土、页岩、煤矸石等为主要原料，经焙烧而成，烧结多孔砖为大面有孔的直角六面体，孔多而小。孔洞垂直于受压面。砖的主要规格为：M 型

190mm×190mm×90mm，P型240mm×115mm×90mm，按国家标准《烧结多孔砖》（GB 13544—2000）的规定，根据砖的抗压强度分为MU30、MU25、MU20、MU15、MU10五个强度等级；根据砖的尺寸偏差，外观质量，强度等级和物理性能（冻融、泛霜、石灰爆裂、吸水率）分为优等品（A），一等品（B）和合格品（C）三个产品等级。烧结多孔砖孔洞率在15%以上，表观密度约为1400kg/m^{3}左右。

（3）烧结空心砖是以黏土页岩、煤矸石等为主要原料，经焙烧而成，烧结空心砖为顶面有孔洞的直角六面体，孔大而少，孔洞为矩形条孔或其他孔形，平行于大面和条面，在与砂浆的接合面上应设有增加结合力的深度在1mm以上的凹线槽。根据国家标准《烧结空心砖和砌块》（GB 13545—2003）规定，根据体积密度分级为800、900、1100三个密度级别，每个表观密度级别又根据孔洞及其排数尺寸偏差、外观质量、强度等级、物理性能等分为优等品（A），一等品（B），合格品（C）三个产品等级；根据抗压强度分为MU5.0、MU3.0、MU2.0三个强度等级。砖和砌块的规格尺寸有两个系列，即长度、宽度、高度分别为290mm、190（140）mm、90mm和240mm、180（175）mm、115mm。砖和砌块的壁厚应大于10mm，肋厚应大于7mm，烧结空心砖，孔洞率一般在35%以上，表观密度在800～1100kg/m^{3}之间，自重较轻，强度不高，多用于非承重墙。多孔砖，空心砖可节省黏土，节省能源且砖的自重轻，热工性能好。

2. 蒸养（压砖）是以石灰和含硅材料（砂子、粉煤灰、煤矸石、炉渣和页岩等）加水拌合，经压制成型，蒸汽养护或蒸压养护而成。我国目前使用的主要有灰砂砖，粉煤灰砖，炉渣砖等。

（1）灰砂砖（又称蒸压灰砂砖）是由磨细生石灰或消石粉天然砂和水按一定配比，经搅拌混合、陈伏、加压成型，再经蒸压（一般温度为175～203℃，压力为0.8～1.6MPa的饱和蒸汽）养护而成，实心灰砂砖的规格尺寸与烧结普通砖相同，其表观密度为1800～1900kg/m^3，导热系数约为0.61W/m·K。国家标准《蒸压灰砂砖》（GB 11945—1999）规定按砖的外观与尺寸偏差分为优等品，一等品，合格品；按砖浸水24h后的抗压强度和抗折强度为MU25、MU20、MU15、MU10四个等级，每个强度等级有相应的抗冻指标。灰砂砖的表面光滑，与砂浆的粘结能力差，刚出釜的灰砂砖不宜立即使用，一般宜存放一个月左右再用，砌筑时灰砂砖的含水率会影响砖与砂浆的粘结力，应使砖含水率控制在7%～12%。

（2）粉煤灰砖，是以粉煤灰、石灰为重要填料，掺加适量石膏和骨料经坯料制备，压制成型，常压或高压养护而成的实心砖。粉煤灰具有火山灰性，水热环境中在石灰的碱性激发和石膏的硫酸盐激发共同作用下，形成水化硅酸钙、水化硫铝酸钙等多种水化产物，而获得一定的强度。按标准《粉煤灰砖》（JC 239—2001）规定，根据砖的抗压强度分为MU20、MU15、MU10、MU7.5四个等级，根据砖的外观质量、强度、抗冻性和干燥收缩值分为优等品（A），一等品（B），合格品（C），优等品的强度等级应不低于15级，干燥收缩值应不大于0.60mm/m，一等品的强度等级应不低于10级，干燥收缩值应不大于0.75mm/m，合格品的干燥收缩值应不大于0.85mm/m。粉煤灰砖呈深灰色，表观密度约为1500kg/m^{3}左右，不得用于长期受热（200℃以上）、受急冷急热和有酸性介质侵蚀的建筑部位。

（3）炉渣砖，又名煤渣砖，是以煤燃烧后的炉渣为主要原料，加入适量石灰、石膏

（或电石渣粉煤灰）和水搅拌均匀，并经陈伏，轮碾成型，蒸汽养护而成。炉渣砖呈黑灰色，表观密度一般为1500～1800kg/m³，吸水率6%～18%，按标准《煤渣砖》（JC 525—93）炉渣砖按抗压强度和抗折强度分为20、15、10、7.5四个等级；按外观质量及物理性能分为优等品、一等品，合格品三个产品级别。

井室：指在管网中安装各种附件的建筑物，如砖砌圆形阀门井，砖砌矩形卧式阀门井，砖砌矩形水表井，消火栓井，圆形排泥湿井，管道支墩工程等附件，在井室内便于操作和检修，井室的深度由管道的埋深确定，平面尺寸由管道的直径和附件的种类及数量确定。

砌块：用于砌筑的人造块材，外形多为直角六面体，也有各种异形的，砌块系列中主规格的长度、宽度或高度有一项或一项以上要分别大于365mm，240mm或115mm，而高度不大于长度或宽度的六倍，长度不超过高度的三倍。系列中主规格的高度大于115mm而又小于380mm的块简称为小砌块；系列中的主规格的高度为380～980mm的砌块称为中砌块，系列中主规格的高度大于980mm的砌块称为大砌块。砌块按其空心率大小分为空心砌块和实心砌块2种，空心率小于25%或无孔洞的砌块为实心砌块，空心率等于或大于25%的砌块为空心砌块。砌块通常又可按其所用主要原料及生产工艺命名，如水泥混凝土砌块，粉煤灰硅酸盐混凝土砌块，多孔混凝土砌块、石膏砌块、烧结砌块等，常见的有以下几种代表性的砌块。

1. 混凝土小型空心砌块，是由水泥、粗细骨料加水拌好，经装模，振动（或加压振动或冲压）成型，并经养护而成，其粗细骨料可用普通碎石、卵石或砂子，也可用轻骨料（如陶粒、煤渣、煤矸石、火山渣、浮石等）及轻砂。混凝土小型空心砌块分为承重砌块和非承重砌块两类。按其尺寸偏差、外观质量分为优等品（A）、一等品（B）和合格品（C）三个产品等级。国家标准GB 8239—1997对砌块按其强度等级分为：MU3.5，MU5.0，MU7.5，MU10.0，MU150，MU20.0。混凝土砌块的导热系数随混凝土材料及孔型和空心率的不同而有差异，普通水泥混凝土小型空心砌块，空心率为50%时，其导热系数约为0.26W/m·K。

2. 粉煤灰硅酸盐中型砌块，简称粉煤灰砌块，粉煤灰中型砌块是以粉煤灰、石灰、石膏和骨料等为原料，经加水搅拌、振动成型、蒸汽养护而制成的密实砌块，通常采用炉渣作为砌块的骨料。粉煤灰砌块主要规格外形尺寸为880mm×380mm×240mm；880mm×430mm×240mm。标准《粉煤灰砌块》（JC 238—2001）中规定：砌块的强度等级按其立方体试件的抗压强度分为MU10和MU13两个强度等级；砌块按其外观质量、尺寸偏差和干缩性能分为一等品（B）和合格品（C）两个质量等级。粉煤灰硅酸盐砌块的表观密度随所用骨料而变，当用炉渣为骨料时，其表观密度约为1300～1550kg/m³，导热系数为0.465～0.582W/m·K。干缩值（一等品干缩值≤0.75mm/m，合格品干缩值≤0.90mm/m）比水泥混凝土砌块大，弹性模量则低于同强度的水泥混凝土制品。

3. 蒸压加气混凝土砌块，是以钙质材料和硅质材料以及加气剂，少量调节剂，经配料、搅拌、浇注成型，切割和蒸压养护而成的多孔轻质块体材料，原料中的钙质材料和硅质材料可分别采用石灰、水泥、矿渣、粉煤灰、砂等。根据所采用的主要原料不同，加气混凝土砌块也相应有水泥—矿渣—砂、水泥—石灰—砂、水泥—石灰—粉煤灰三种。①砌块公称尺寸，长度为600mm；高度为200mm、250mm和300mm，宽度有两个系列：*a.* 100mm、125mm、150mm、200mm、250mm、300mm，*b.* 120mm、180mm、240mm。

②砌块的主要技术性能指标根据《蒸压加气混凝土砌块》（GB 11968—1997）规定，砌块按外观质量、尺寸偏差分为优等品（A），一等品（B），合格品（C）三个产品等级；按砌块抗压强度分 A1.0、A2.0、A2.5、A3.5、A5.0、A7.5、A10 七个强度等级；按体积密度分为 B03、B04、B05、B06、B07、B08 六个级别。③砌块的其他特性：*a*. 轻质、体积密度小，一般仅为黏土砖的 1/3，作为墙体材料，降低造价；*b*. 保温，隔热加气混凝土的多孔材料其导热系数为 0.10～0.16W/m·K，保温隔热性能好；*c*. 隔声，用加气混凝土砌块砌筑的 150mm 厚的墙加双面拌灰，对 100～3150Hz 的平均隔声量为 43dB；*d*. 耐火，是非燃烧材料，导热系数低，热量传递速度慢。其耐火性好，可加工性能好（可钉、可锯、可刨、可粘结），施工方便，效率高。

圆形阀门井：它是阀门井的一类，其基本控制尺寸为，法兰边距井壁当 $DN\leqslant300$ 时为 400mm，$DN\geqslant350$ 时为 600mm；管底距井底 $DN\leqslant300$ 时为 300mm；$DN\geqslant350$ 时为 400mm；手轮边距收口井斜壁的垂直距离为 500mm，手轮距盖板 450mm。

矩形卧式阀门井：附件与井的控制参数，法兰边距井壁 600mm；法兰边距井底 500mm，法兰边距井盖板 1200mm，法兰距井壁 700mm。

消火栓井：其控制参数为，消火栓距井盖为 500±100mm；消火栓安装中心距井中心 200mm。

矩形水表井：矩形，用于安装水表的井，井室的深度按规范确定，便于测量。

圆形排泥湿井：圆形，用于排泥的井，井深由排泥装置性能确定，便于排泥。

二、砖砌圆形阀门井是按《给水排水标准图集》S143、砖砌矩形卧式阀门井按 S144、砖砌矩形水表井按 S145、消火栓井按 S162、圆形排泥湿井按 S146 编制的，且全部按无地下水考虑。

[应用释义]　水表释义见第三章管件安装第一节说明应用释义第一条。

阀门：是由阀体、阀瓣、阀盖、阀杆以及手轮等部件组成，用来控制水流，调节管道内的水量、水压以及开启、关闭的重要设备，并具有在紧急抢修中迅速隔离故障管段的作用。阀门的相关内容见第二章管道内防腐第二节工程量计算规则应用释义。

本定额还规定：砖砌矩形水表井是按《给排水标准图集》S145，消火栓井按 S162，圆形排泥湿井按 S146 编制的，而且不考虑有无地下水。

三、本章定额所指的井深是指垫层顶面至铸铁井盖顶面的距离。井深大于 1.5m 时，应按第六册“排水工程”有关项目计取脚手架搭拆费。

[应用释义]　垫层：是将给排水管道基础或构筑物地基底面下一定深度的弱承载土挖去，换为低压缩性的散体材料，如块石、卵石、碎石、砂、灰土、素土等。有些工业废料亦可作为垫层材料，如煤灰、炉渣等。作持力层，可提高承载力。

本定额所指的井深实际是井室的高度，内垫层顶面到井盖顶面的距离，井深大于 1.5m 时，还应按第六册“排水工程”有关定额考虑脚手架费用。

脚手架：在工程施工中，为满足工人操作、材料堆置和运输的需要而搭设的临时性设施。脚手架按用途可分为砌筑用脚手架和装修用脚手架；按搭设位置可分为里脚手架和外脚手架；按使用材料可分为木脚手架、竹脚手架、金属脚手架；按其构选形式可分为多立杆式、框式、桥式、吊式、挂式、挑式及工具式脚手架等。

脚手架应满足以下要求：面积应能满足工人操作、材料堆置和运输的需要，结构要坚固稳定，能保证施工期间在各种荷载和气候条件作用下不变形、不倾斜、不摇晃、搭拆简单、转移方便、能多次周转使用、就地取材、降低工程成本，脚手架必须确保安全，对脚手架的绑扎，脚手板、斜撑、缆风绳、护身栏杆、挡脚板、安全网等均应符合有关规定。脚手架工程多属高空作业，必须严格遵守安全技术操作规程，避免发生伤亡事故。

四、本章定额是按普通铸铁井盖、井座考虑的，如设计要求采用球墨铸铁井盖、井座，其材料预算价格可以换算，其他不变。

[**应用释义**]　铸铁：是含碳量大于2.0%的铁碳合金，是现代工业中极其重要的材料。铸铁所含的杂质较多，机械性能较差，性脆不能进行碾压和锻造，但有良好的铸造性能，可铸出形状复杂的零件，减振性、耐磨性和切削加工性能较好，抗压强度高、成本低。常用的铸铁有灰口铸铁、球墨铸铁两类：

1. 灰口铸铁断口呈灰色，铸铁中的石墨呈片状，具有熔点低、铸造性能好、硬度不高、易于切削加工等优点，适宜制造机座，支架及各种形状复杂的零件。灰口铸铁性脆，抗拉强度低，代号为HT，后面的数字表示其最低抗拉强度极限，如HT200的最低抗拉强度极限为$\delta_b=200MPa$。

2. 球墨铸铁是在浇铸前往灰铸铁水中加入球化剂（如镁、铜）和墨化剂（如硅铁、硅钙合金），使其中的石墨呈球状，由于石墨呈球状，其抗拉强度比灰口铸铁高一倍，δ_b可达到700MPa，和中碳钢相似。还具有较高的塑性和耐磨性，减振性也较钢好且价廉，球墨铸铁代号为QT，后面的两组数字，分别表示其最低抗拉强度极限和最低延伸率，如QT700—2的最低抗拉强度极限为$\delta_b=700MPa$，最低延伸率为$\delta=2\%$。

五、排气阀井，可套用阀门井的相应定额。

[**应用释义**]　排气阀：指安装在管道上能自动排除管道中聚积的空气的阀门，在输水管道和配水管网隆起点和平直段的必要位置上均安装排气阀，排气阀井可与其他管网配件合用一个井室，而排气阀井可套用阀门井的相应定额。

排气阀井：控制参数为排气阀距盖板不小于100mm，排气阀安装中心距井中心为150mm，管底距井底300mm。

六、矩形卧式阀门井筒每增0.2m定额，包括2个井筒同时增0.2m。

[**应用释义**]　定额中规定，矩形卧式阀门井筒增加时实际上两个井筒均增加，且增加数值一致，不作任何变化。

七、本章定额不包括以下内容：

1. 模板安装拆除、钢筋制作安装。如发生时，执行第六册“排水工程”有关定额。

[**应用释义**]　模板拆除：一般情况下是后支的先拆，先支的后拆，先拆除非承重部分，再拆除承重部分。

钢筋：主要成分是铁元素还含有少量的碳、锰、硅、磷、硫等元素。钢筋可分为热轧钢筋、冷拉钢筋、热处理钢筋三类。

(1) 热轧钢筋主要有用 Q235 轧制的光圆钢筋和用合金钢轧制的带肋钢筋两类。其中热轧直条圆钢筋强度等级代号为 HPB235；热轧带肋钢筋的牌号由 HRB 和牌号的屈服点最小值表示，牌号分别为 HRB335、HRB400、RRB400。现在采用新规范，请参照 GB 1499—1998。

(2) 冷拉钢筋是通过对各个等级的热轧钢筋进行冷拉加工而成，通过冷拉可提高钢筋的屈服强度。

(3) 热处理钢筋是一种理想的预应力钢筋，它由强度相当于Ⅳ级钢筋的一些特定钢号的热轧钢筋，经过淬火和回火处理而制成的。淬火是指将钢加热到一定温度，经保温后，放入水或油中快速冷却的热处理方法，提高钢的硬度和耐磨性；回火是将淬火后的钢重新加热到某一温度，经保温后，放入空气或油中冷却的热处理方法消除淬火钢的内应力，降低脆性，提高塑性和韧性。回火按温度又可分为低温回火（150～250℃），中温回火（300～350℃），高温回火（500～650℃）三种。

2. 预制盖板、成型钢筋的场外运输。如发生时，执行第一册“通用项目”有关定额。

[应用释义]　预制盖板：指在工厂根据需要按照模具预先制好的板材，如预制混凝土板，一般都有一定的规格大小。

预制盖板、成型钢筋运输到施工现场，本章定额不包括执行第一册“通用项目”有关定额。

成型钢筋：将钢筋加工、进行一定操作制成各种形状，如工字型等。

3. 圆形排泥湿井的进水管、溢流管的安装，执行本册有关定额。

[应用释义]　溢流管：是圆形排泥湿井上重要的构筑部分，作用是将超过排泥井的输水能力的那部分排出。

进水管：指圆形排泥湿井中，需要通过输水来排掉泥土而设置的进水管道，管径大小按需求而定，本定额包括进水管、溢流管的安装。

第二节　工程量计算规则应用释义

一、各种井均按施工图数量，以“座”为单位。

[应用释义]　砖砌圆形阀门井、砖砌矩形卧式阀门井、砖砌矩形水表井、消火栓井、圆形排泥湿井等各种井在施工图中均有数量标示、有说明，在计算各种井的用量时均以“座”为单位。

二、管道支墩按施工图实际体积计算，不扣除钢筋、铁件所占的体积。

[应用释义]　本章定额规定：管道支墩的工程量计算，按施工图中标示数量，计算其体积，考虑支墩用量，但不扣除钢筋、铁件所占用的体积。

第三节　定额应用释义

一、砖砌圆形阀门井

1. 收口式

工作内容：混凝土搅拌、浇捣、养护、砌砖、勾缝、安装井盖。

定额编号　5-364～5-379　收口式砖砌圆形阀门井　P71～P72

[应用释义]　混凝土C20：是由胶凝材料，水和粗、细骨料按适当比例配合、拌制成拌合物，经一定时间硬化而成的人造石材。C20表示混凝土的强度等级，混凝土通常划分为C15、C20、C25、C30、C35、C40、C45、C50、C55等9个等级。按照表观密度的大小分类，可分为：

(1) 重混凝土，表观密度（试件在温度为105±5℃的条件下干燥至恒重后测定）大于2600kg/m³，是用特别密实和特别重的骨料制成的，如钢屑混凝土等。

(2) 普通混凝土，表观密度为1950～2500kg/m³，是用天然的砂、石作骨料配制成的，由水泥、砂、石和水所组成，在混凝土中，砂、石起骨架作用称为骨料，水泥与水形成的水泥浆包裹在骨料表面并填充其空隙。

(3) 轻混凝土，表观密度小于1950kg/m³，它又可分为三类：①轻骨料混凝土，其表观密度范围是800～1950kg/m³，是用轻骨料，如浮石、火山渣、陶粒、膨胀珍珠岩、膨胀矿渣、煤渣等配制成；②多孔混凝土，其表观密度范围是300～1000kg/m³，如泡沫混凝土是由水泥浆或水泥砂浆与稳定的泡沫剂制成的；加气混凝土是由水泥、水与发气剂配制成的。泡沫剂是泡沫混凝土中的主要成分，通常采用松香胶泡沫剂及水解性血泡沫剂。加气混凝土是含钙材料（水泥、石灰），含硅材料（石英砂、尾矿粉、粉煤灰粒化高炉矿渣、页岩等）和加气剂作为原材料，经过磨细、配料、搅拌、浇筑、切割和压蒸养护等工序生产而成。一般是采用铝粉作为加气剂，它加在加气混凝土料浆中，与含钙材料中的氢氧化钙发生化学反应放出氢气形成气泡使料浆形成多孔结构，其化学反应过程为：$6Al+3Ca(OH)_2+6H_2O = 3CaO\cdot Al_2O_3\cdot 6H_2O+3H_2\uparrow$，还可采用双氧水（$H_2O_2$）、碳化钙和漂白粉等作为加气剂。加气混凝土的抗压强度一般为0.5～1.5MPa；③大孔混凝土：是以粗骨料、水泥和水配制而成的一种轻混凝土，又称无砂混凝土，大孔混凝土按其所用骨料品种可分为普通大孔混凝土和轻骨料大孔混凝土。普通大孔混凝土是用天然碎石、卵石或重矿渣配制而成，表观密度在1500～1950kg/m³之间，抗压强度为3.5～10MPa，主要用于承重及保温外墙体。轻骨料大孔混凝土用陶粒、浮石、碎砖等轻骨料配制而成，表观密度在800～1500kg/m³之间，抗压强度1.5～7.5MPa，主要用于自承重的保温外墙体。大孔混凝土的导热系数小，保温性好，吸湿性较小，收缩一般比普通混凝土要小30%～50%，抗冻性可达15～25次，由于大孔混凝土不用砂或少用砂，故水泥用量较低，每立方米混凝土的水泥用量仅150～200kg。

煤焦油沥青：

(1) 煤焦油，是生产焦炭和煤气的副产物，烟煤在密闭设备中加热干馏，此时烟煤中挥发物质气化流出，冷却后仍为气体的可作煤气，冷凝下来的液体除去氨及苯后，即为煤焦油。因为干馏温度不同，生产出来的煤焦油品质也不同，炼焦及制煤气时干馏温度约800～1300℃，这样得到的为高温煤焦油；当低温（600℃以下）干馏时，所得到的为低温煤焦油。高温煤焦油含碳较多，密度较大，含有大量的芳香族碳氢化合物；低温煤焦油含碳少，密度较小，含芳香族碳氢化合物少，主要含蜡族和环烷族及不饱和碳氢化合物，还含较多的酚类。

（2）煤焦油沥青，是将煤焦油再进行蒸馏，蒸去水分和所有的轻油及部分中油、重油和蒽油后所得的残渣。各种油的分馏温度为：在170℃以下时——轻油；170～269℃时——中油；270～299℃时——重油；300～360℃时——蒽油。根据蒸馏程度不同，分为低温煤焦油沥青、中温煤焦油沥青和高温煤焦油沥青。

（3）煤焦油沥青有以下特点：①由固态或黏稠态转变为黏流态（或液态）的温度间隔较小，夏天易软化流淌，而冬天易脆裂，即温度的敏感性较大；②含挥发性成分和化学稳定性差的成分较多，在热、阳光、氧气等长期综合作用下，煤焦油沥青的组成变化较大，易硬脆，故大气稳定性较差；③含有较多的游离碳，塑性较差，容易因变形而开裂；④因含有蒽、酚等，故有毒性和臭味，防腐能力较好，适用于木材的防腐处理；⑤因含表面活性物质较多，与矿料表面的粘附力较好。

碎石：由天然岩石或卵石经破碎、筛分而得的，粒径大于5mm的岩石颗粒称为碎石或碎卵石。

水泥砂浆：是由水泥、砂、水经搅拌混合而成，砂浆可分为M2.5、M5.0、M7.5、M10、M15、M20六个等级。

钢筋混凝土管：可分为自应力钢筋混凝土管和预应力钢筋混凝土管。预应力钢筋混凝土管作压力给水管，成本低，且有较好的耐腐蚀性，具有良好的抗裂性能，但是它自重大，运输及安装均不便。规格：公称直径400～2000mm，有效长度5m，静水压力为0.4～1.2MPa。自应力钢筋混凝土管的工作压力为0.1～0.4MPa，公称直径一般为100～600mm，具有良好的抗渗性、耐久性、耐腐蚀性、施工安装方便、水力条件好等优点，但是自重大、质地脆，在搬运时严禁抛掷和碰撞，不同的管径有不同的型号如*DN*300、*DN*400等。

红机砖：俗称红砖，是由黏土（或页岩、煤矸石、粉煤灰等）原料为主，加入少量添加料，经配料、混合均匀，制成砖坯，在氧化气氛中焙烧，黏土中的铁被氧化成高价铁（Fe_2O_3），此时砖呈现为红色，故称红砖。公称尺寸，长度为240mm，宽度为115mm，高度为53mm，表观密度为1600～1800kg/m³之间；吸水率一般为6%～18%；导热系数为0.55W/m·K左右。国家标准《烧结普通砖》（GB 5101—1998）中规定：根据尺寸偏差、外观质量，泛霜和石灰爆裂分为优等品（A），一等品（B），合格品（C）三个质量等级。根据抗压强度分为MU30、MU25、MU20、MU15、MU10五个强度等级。烧结普通砖强度等级划分规定如表2-32所示。

烧结普通砖强度等级划分规定（MPa）　　**表2-32**

强度等级	抗压强度平均值 $\overline{f}$≥	抗压强度标准值 f_k≥	强度等级	抗压强度平均值 $\overline{f}$≥	抗压强度标准值 f_k≥
MU30	30.0	22.0	MU15	15.0	10.0
MU25	25.0	18.0	MU10	10.0	6.5
MU20	20.0	14.0			

抗压强度标准值按下式计算：$f_k=\overline{f}-1.8s$，$s=\sqrt{\frac{1}{9}\sum_{i=1}^{10}(f_i-\overline{f})^2}$，$f_k$：抗压强度标准值，$\overline{f}$：10块砖样的抗压强度平均值，精确至0.01MPa；s：10块砖样的抗压强度标准差，精确至0.01MPa；f_i为单块砖样的抗压强度测定值。

收口或砖砌圆形阀门井：上底下底为圆形，且从下到上直径逐渐缩小，用砖砌成的阀门井，其参数与圆形阀门井参数一致。

2. 直筒式

工作内容：混凝土搅拌、浇捣、养护、砌砖、勾缝、安装井盖。

定额编号　5-380～5-395　井筒式砖砌圆形阀门井　P71～P74

[应用释义]　预制砾石混凝土：是由水泥、砂、砾石和水按一定的比例混合，经均匀搅拌而成。

沥青：可分为石油沥青和改性石油沥青两大类。

(1) 石油沥青，是石油原油经蒸馏等提炼出各种轻质油（如汽油、柴油等）及润滑油以后的残留物后，再经加工而得的产品。它是一种有机胶凝材料，在常温下呈固体、半固体或黏性液体，颜色为褐色或黑褐色。石油沥青是由许多高分子化合物（碳氢化合物）及非金属（主要为氧、硫、氮等）衍生物组成的复杂混合物，沥青中各组分的主要特性如下：①油分为淡黄色至红褐色的油状液体，是沥青分子量很小和密度最小的组分，密度介于0.7～1g/cm³之间，在170℃较长时间加热，油分可以挥发，油分能溶于石油醚、二硫化碳、三氯甲烷、苯、四氧化碳和丙酮等有机溶剂中，但不溶于酒精，油分赋予沥青以流动性。②树脂（沥青脂胶）为黄色至黑褐色黏稠状物质（半固体），分子量比油分大（600～1000），密度为1.0～1.1g/cm³。沥青脂胶中绝大部分属于中性树脂，中性树脂能溶于三氯甲烷、汽油和苯等有机溶剂，但在酒精和丙酮中难溶解或溶解度很低，它赋予沥青以良好的粘结性、塑性和可流动性。沥青脂胶中还含有少量的酸性树脂，即地沥青酸和地沥青酸酐，颜色较中性树脂深，是油分氧化后的产物，具有酸性，它易溶于酒精、氯仿而难溶于石油、醚和苯，能被碱皂化，是沥青中的表面活性物质。沥青脂胶使石油沥青具有良好的塑性和粘结性。③地沥青质（沥青质）为深褐色至黑色固态无定形物质（固体粉末），分子量比树脂更大（1000以上），密度大于1g/cm³，不溶于酒精、正戊烷，但溶于三氯甲烷、二硫化碳，染色力强，对光的敏感性强，感光后就不能溶解。

石油沥青又可分为三种：①道路石油沥青，有七个牌号，牌号越高，则黏性越小，塑性越好，温度敏感性越大。②建筑石油沥青，针入度较小，软化点较高，但延伸度较小，主要用作制造油毡、油纸、防水涂料等。③普通石油沥青，含有害成分的蜡较多，一般含量大于5%，有的高达20%以上，故又称多蜡石油沥青，以化学结构讲，蜡为固态烷烃，正构烷烃称为石蜡，多为片状或带状晶体；异构烷烃称为地蜡，常为针状晶体，普通石油沥青由于含有较多的蜡，故温度敏感性较大，达到液态时的温度与其软化点相差很小。

(2) 改性沥青（改性石油沥青）指在石油沥青中加入橡胶、树脂和矿物填料等改性物质而生产的石油沥青。①橡胶沥青，是沥青的重要改性材料，它和沥青有较好的混溶性并能使沥青具有橡胶的很多优点，如高温变形性小，低温柔性好，可分以下几种：*a*. 氯丁橡胶沥青，在沥青中掺入氯丁橡胶使其气密性、低温柔性、耐化学腐蚀性、耐光、耐臭氧性、耐气候性和耐燃烧性均得到大大改善。*b*. 丁基橡胶沥青，具有优异的耐分解性，并有较好的低温抗裂性能、耐热性能，多用于道路路面工程、控制密封材料和涂料。*c*. 再生橡胶沥青，同样可大大提高沥青的气密性、低温柔性、耐光、耐臭氧性、耐气候性，可以制成卷材、片材、密封材料、胶粘剂和涂料等。②树脂沥青，可改进沥青的耐寒性、耐热性、粘结性和不透气性。常用的树脂有：古马隆树脂，聚乙烯，无规聚丙烯 APP 等。*a*. 古马隆树脂沥青：古马隆树脂又名香豆桐树脂，呈黏稠液体或固体状，浅黄色至黑色，易溶于氯化烃、酯类、硝基苯等，为热塑性树脂。将沥青加热熔化脱水，在 150～160℃ 情况下，把古马隆树脂放入熔化的沥青中，并不断搅拌，再把温度升至 185～190℃，保持一定时间，使之充分混合均匀即可。树脂掺量约 40%，这种沥青的黏性较大。*b*. 聚乙烯树脂沥青掺量为 7%～10%，将沥青加热熔化脱水，再加入聚乙烯，并不断搅拌 30min，温度保持在 140℃左右，即可得到均匀的聚乙烯树脂沥青。③矿物填充料改性沥青，为提高沥青的粘结能力和耐热性，减小沥青的温度敏感性，常加入一定数量的矿物填充料，矿物填充料大多是粉状的和纤维状的，主要的有滑石粉、石灰石粉、硅藻土和石棉等。

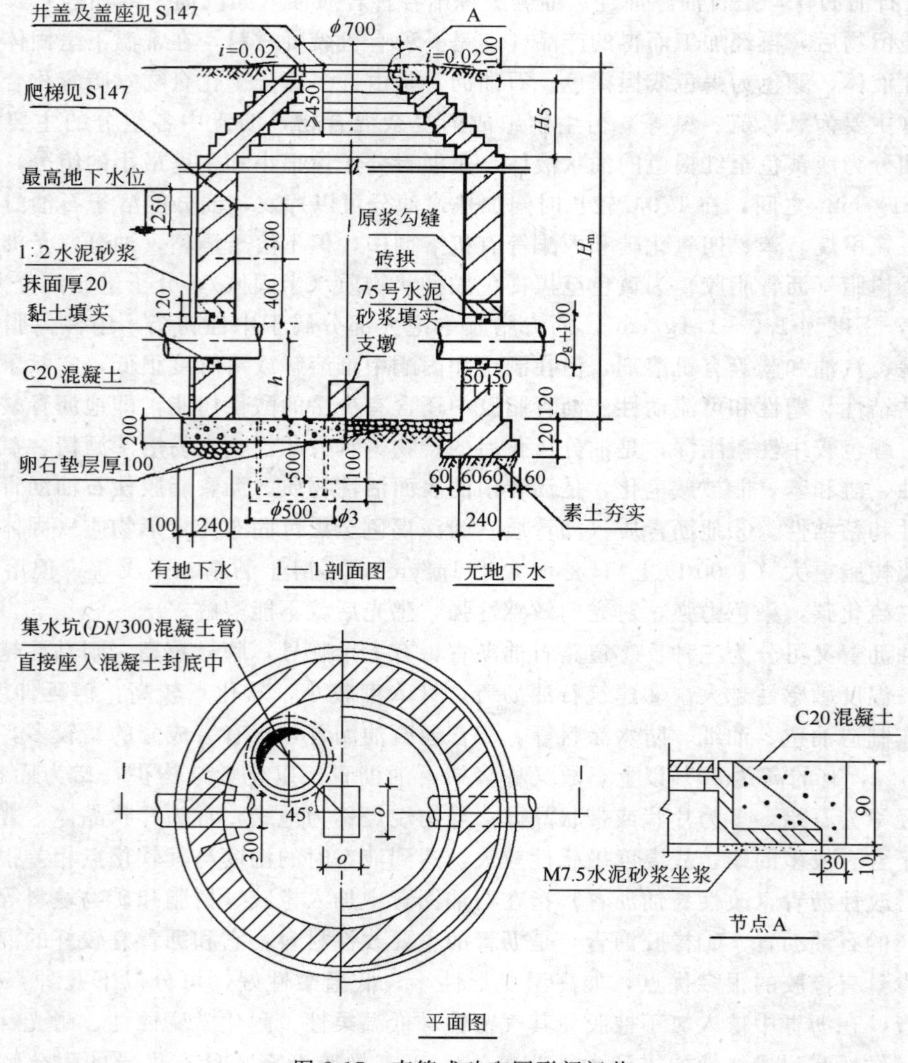

图 2-17　直筒式砖砌圆形阀门井

a. 滑石粉，主要化学成分是含水硅酸镁（$3MgO \cdot 4SiO_2 \cdot H_2O$），亲油性好（憎水），易被沥青湿润，可直接混入沥青中，以提高沥青的机械强度和抗老化性能，可用于具有耐酸、耐碱、耐热和绝缘性能的沥青制品中。b. 石灰石粉，主要成分为碳酸钙，属亲水性的岩石，石灰石粉与沥青有较强的物理吸附力和化学吸附力。c. 硅藻土，它是质软、多孔而轻的材料，易磨成细粉，耐酸性强，是制作轻质、绝热、吸声的沥青制品的主要填料。d. 石棉绒（石棉粉）主要组成为钙、镁、铁的硅酸盐，呈纤维状，富有弹性，具有耐酸、耐碱和耐热性能，是热和电的不良导体，内部有很多微孔，吸油量大，掺入后可提高沥青的抗拉强度和热稳定性。由于沥青对矿物填充料的湿润和吸附作用，沥青可能成单分子状排列在矿物颗粒表面形成结合力牢固的沥青薄膜，具有较高的黏性和耐热性，矿物填充料的种类、用量和细度不同，形成沥青的情况亦不同。

（3）混凝土搅拌：是将胶凝材料、水和粗、细骨料按适当的比例配合，由搅拌机均匀的搅拌，制成拌合物。

（4）水泥砂浆：见定额编号 5-396～5-401 砖砌矩形卧式阀门井释义。

直筒式砖砌圆形阀门井：上底下底都为圆形，且直径从上到下不变，用砖砌成的阀门井，其井的控制尺寸与圆形阀门井尺寸一致，如图 2-17 所示。

砖砌矩形阀门井（直筒式），见图 2-18。

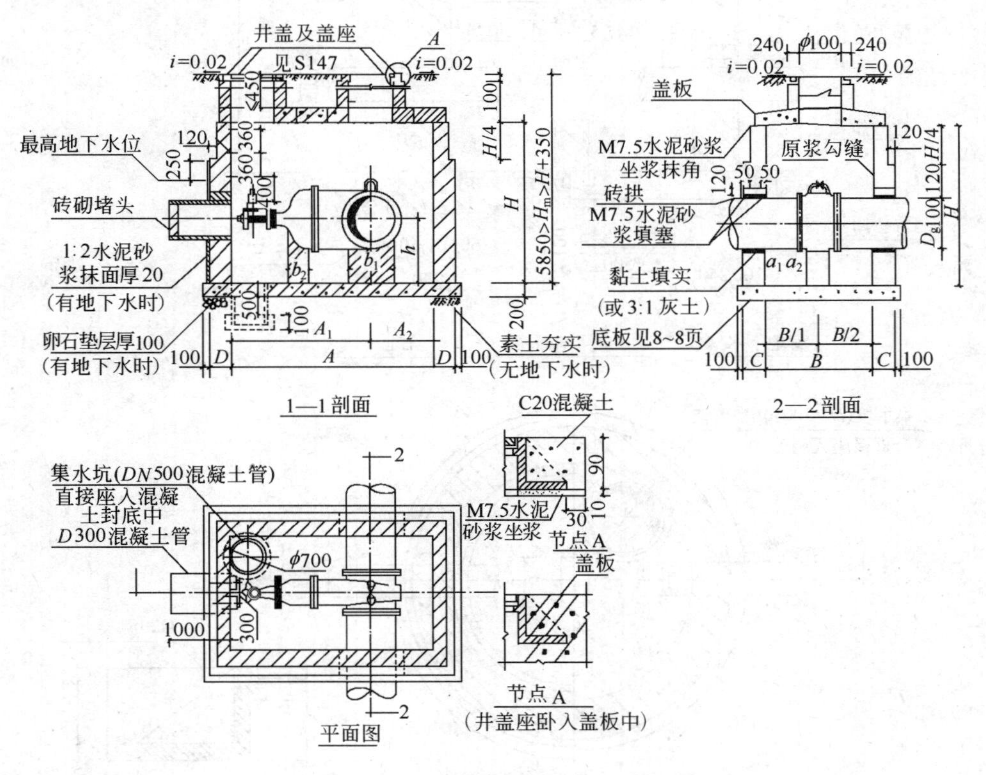

图 2-18　砖砌矩形阀门井（直筒式）

二、砖砌矩形卧式阀门井

工作内容：混凝土搅拌、浇捣、养护、砌砖、拌水泥砂浆、勾缝、安装盖板、安装井

盖。

定额编号　5-396～5-401　砖砌矩形卧式阀门井　P77～P78

［应用释义］　水泥砂浆：是以水泥为胶凝材料，由砂、水泥和水按一定的比例配合，均匀搅拌而成的拌合物，水泥砂浆 1∶2 是指水泥砂浆中水泥与砂的质量比按 1∶2 进行配合，水泥砂浆 M7.5 是指硬化后的砂浆强度等级为 M7.5。砂浆的强度等级共有 M2.5、M5、M7.5、M10、M15、M20 等六个等级。强度等级是以边长为 70.7mm 的立方体试块，按标准条件养护至 28 天的抗压强度的平均值，并考虑具有 95%强度保证率而确定的。

煤焦油沥青释义见定额编号 5-364～5-379 收口式砖砌圆形阀门井释义。

阀门释义见第四章管道附属构筑物第一节说明应用释义第一条。

砖砌圆形卧式阀门井详见图 2-19 所示。

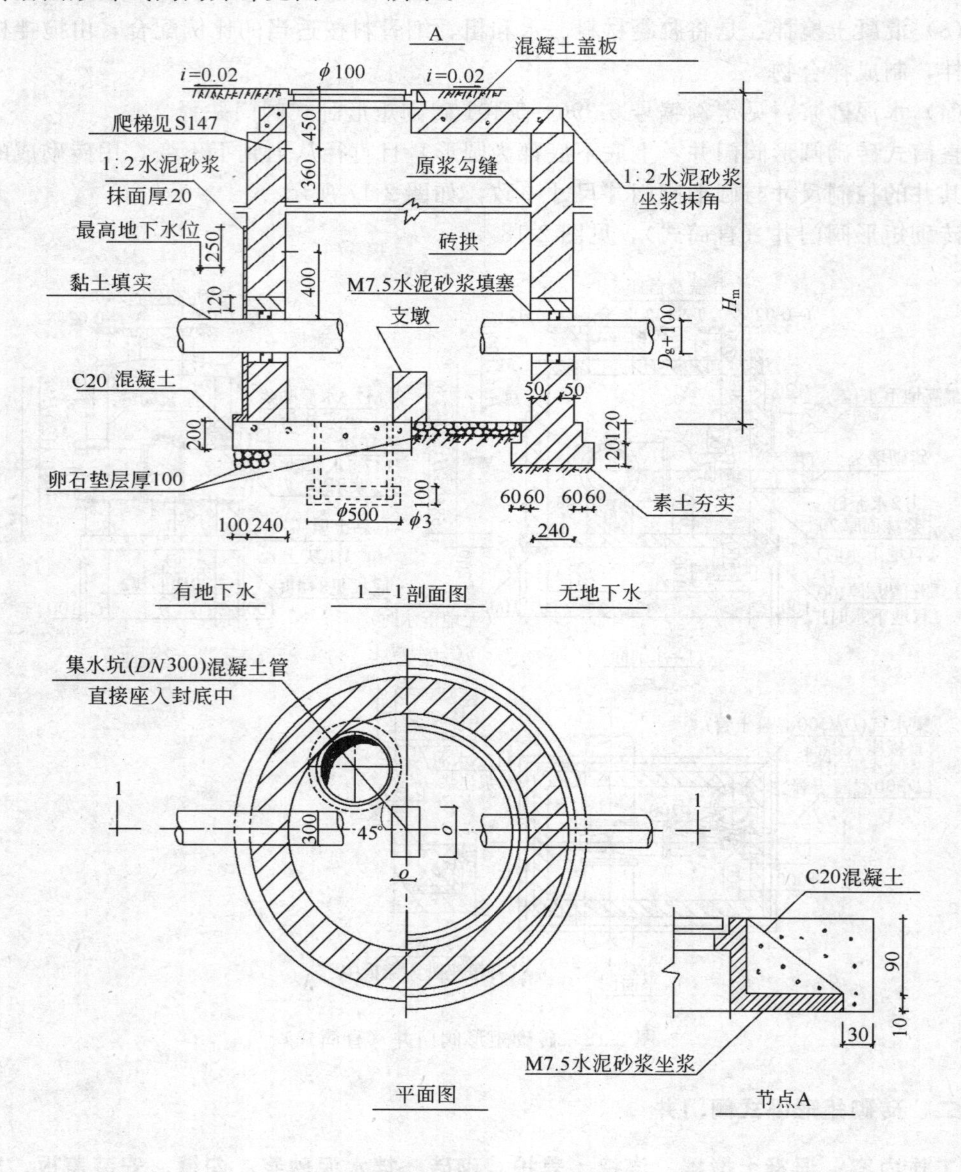

图 2-19　砖砌圆形卧式阀门井

三、砖砌矩形水表井

工作内容：混凝土搅拌、浇捣、养护、砌砖、勾缝抹水泥砂浆、安装盖板、安装井盖。

定额编号 5-402～5-417 砖砌矩形水表井 P79～P82

［**应用释义**］ 水表释义见第三章管件安装第一节说明应用释义第一条。

混凝土搅拌是由胶凝材料水泥、砂、粗细骨料和水按一定的比例配合，通过搅拌机进行均匀搅拌而制成混凝土的过程。

混凝土：是由胶凝材料、水和粗、细骨料按适当比例配合，拌制成拌合物，经一定时间硬化而成的人造石材。

混凝土还有为满足不同工程的特殊要求而配制成的各种特种混凝土：

1. 高强混凝土指混凝土强度等级达到 C60 和超过 C60 的混凝土，特点是强度高、耐久性好、变形小、能适应现代工程结构向大跨度、重载、高耸发展和承受恶劣环境条件的需要。

2. 流态混凝土，是指在预拌的坍落度为 80～120mm 的基体混凝土中加入流化剂，经过搅拌使混凝土的坍落度增大至 200～220mm 易于流动，且黏聚性良好，所用的流化剂是一种高效减水剂。常用的流化剂有三类：三聚氰胺磺酸盐甲醛缩合物，萘磺酸盐甲醛缩合物和改性木质素磺酸盐。

3. 耐热混凝土，能在长期高温作用下保持所需要的物理力学性能的特种混凝土，它是由适当的胶凝材料、耐热粗细骨料和水按一定比例配制而成的，根据所用胶凝材料的不同可分以下几种：①硅酸盐水泥耐热混凝土，它是由普通硅酸盐水泥或矿渣水泥，磨细掺合料、耐热粗细骨料和水配制而成的，要求普通硅酸盐水泥不得掺有石灰岩类的混合材料，磨细掺合料可采用黏土熟料，磨细石英砂，砖瓦粉等，耐热粗细骨料可采用重矿渣、红砖、黏土质耐火砖碎块、安山岩、玄武岩、铝矾土熟料、烧结镁砂及铬铁矿等；②铝酸盐水泥耐热混凝土，它是由高铝水泥或低钙铝酸水泥，耐火度较高的掺合料以及耐热粗细骨料和水配制而成的，其极限使用温度在 1300℃以下；③水玻璃耐热混凝土是以水玻璃为胶凝材料，氟硅酸钠为硬化剂，掺入磨细掺合料及耐热粗细骨料配制而成的，磨细掺合料及耐热粗细骨料与硅酸盐水泥耐热混凝土相同，它的极限使用温度在 1200℃以下。

4. 耐酸混凝土是由水玻璃作为胶凝材料，氟硅酸钠作硬化剂，耐酸粉料和耐酸粗细骨料按一定比例配合而成的，它能抵抗各种酸（如硫酸、盐酸、硝酸等无机酸，醋酸、蚁酸和草酸等有机酸）和大部分腐蚀气体（氯气、二氧化硫、三氧化硫等）的侵蚀，但不耐氢氟酸、300℃以上的热磷酸、高级脂肪酸或油酸的侵蚀。这种混凝土 3 天的抗压强度约为 11～12MPa，28d 抗压强度应不小于 15MPa。

5. 纤维混凝土，是以混凝土为基体、外掺各种纤维材料而成，纤维可分两类：一类为高弹性模量的纤维，包括玻璃纤维、钢纤维和碳纤维等，另一类为低弹性模量的纤维，如尼龙、聚丙烯、人造丝及植物纤维等。

6. 聚合物混凝土是由有机聚合物、无机胶凝材料和骨料结合而成的一种新型混凝土。一般可分为三种：①聚合物水泥混凝土，它是由聚合物乳液（和水分散体）拌合水泥，并掺入砂或其他骨料而制成的，聚合物的硬化和水泥的水化同时进行，并且两者结合在一起形成一种复合材料。配制聚合物水泥混凝土所用的矿物胶凝材料，可用普通水泥和高铝水泥，聚合物可用天然聚合物和各种合成聚合物（如氯乙烯、苯乙烯等）。②聚合物浸渍混凝土是以混凝土为基材（被浸渍的材料），将有机单体渗入混凝土中，然后再利用加热或放射线照射的方法使混凝土和聚合物形成一个整体，单体可用甲基丙烯酸、甲脂苯乙烯、醋酸乙烯、乙烯、丙烯酯、聚酯—苯乙烯等。③聚合物胶结混凝土（树脂混凝土）是一种完全没有矿物胶凝材料，而以合成树脂为胶结材料的混凝土。这种混凝土具有强度高、耐腐蚀等优点，所用的骨料与普通混凝土相同。

7. 防辐射混凝土，又称重混凝土，用来防护 γ 射线和中子辐射作用的既经济又有效的材料，是用重骨料和水泥配制的混凝土，胶凝材料以采用胶凝性能好、水化热低、水化结合水量高的水泥为宜，可采用硅酸盐水泥，最好采用高铝水泥或特种水泥。常用的骨料有：重晶石 $BaSO_4$（表观密度为 4000～4500kg/m^3）；赤铁矿 Fe_2O_3；磁铁矿 $Fe_3O_4 \cdot H_2O$（表观密度为 4500kg/m^3）；金属碎块如圆钢、扁钢、角钢等碎料或铸铁块。

8. 喷射混凝土，是将预先配好的水泥、砂、石子和一定量的速凝剂装入喷射机，利用压缩空气将其送至喷头与水混合后，以很高的速度喷向岩石或混凝土表面所形成的混凝土，喷射混凝土以采用普通水泥为宜，所用骨料级配应仔细选择，以免发生管堵现象，10mm 以上的粗骨料要控制在 30%以下。喷射混凝土的配合比（水泥：砂：石），一般采用 1：2：2.5，1：2.5：2，1：2：2，1：2.5：1.5（质量比）。水泥用量为 300～450kg/m^3，水灰比用 0.4～0.5 为宜，喷射混凝土的抗压强度为 25～40MPa，抗拉强度为 2.0～2.5MPa，与岩石的粘结力为 1.0～1.5MPa。

一般对混凝土质量的要求是：具有符合设计要求的强度，具有与施工条件相适应的施工和易性，具有与工程环境相适应的耐久性，混凝土 C20 表示混凝土的强度等级，字母 C 后的数字即是该级别混凝土立方体抗压强度标准值，单位为 N/mm^2，如 C20 表示混凝土的立方体抗压强度标准值为 $f_{cu \cdot k}$ = 20N/mm^2，混凝土的等级有多种，如 C30、C35、C40、C45、C50、C60 等。

砖砌矩形水表井详见图 2-20 所示。

四、消火栓井

工作内容：混凝土搅拌、浇捣、养护、砌砖、勾缝、安装井盖。

定额编号　5-418～5-420　消火栓井　P83

[应用释义]　消火栓有关释义见第四章管道附属构筑物第一节说明应用释义第一条。

混凝土捣固：将拌合好的混凝土拌合物放在模具中经人工或机械振捣，使其密实、均匀。

混凝土养护：是指混凝土浇筑后的初期，在凝结硬化过程中进行湿度和温度的控制，以利于混凝土获得设计要求的物理力学性能。

砌砖：指砖的铺砌，形式一般采取“直行”、“对角线”或“人字形”，砌砖这一工序的费用按定额计量，主要由人工操作。

混凝土的浇灌：是指将配制搅拌好的混凝土铺在地面或是灌在某沟槽内。

水泥砂浆：是以水泥为胶凝材料的砂浆，用砂应根据具体情况具体分析，一般应符合混凝土用砂的技术性能要求，水泥砂浆的强度等级是以边长为 70.7mm 的 6 个立方体试

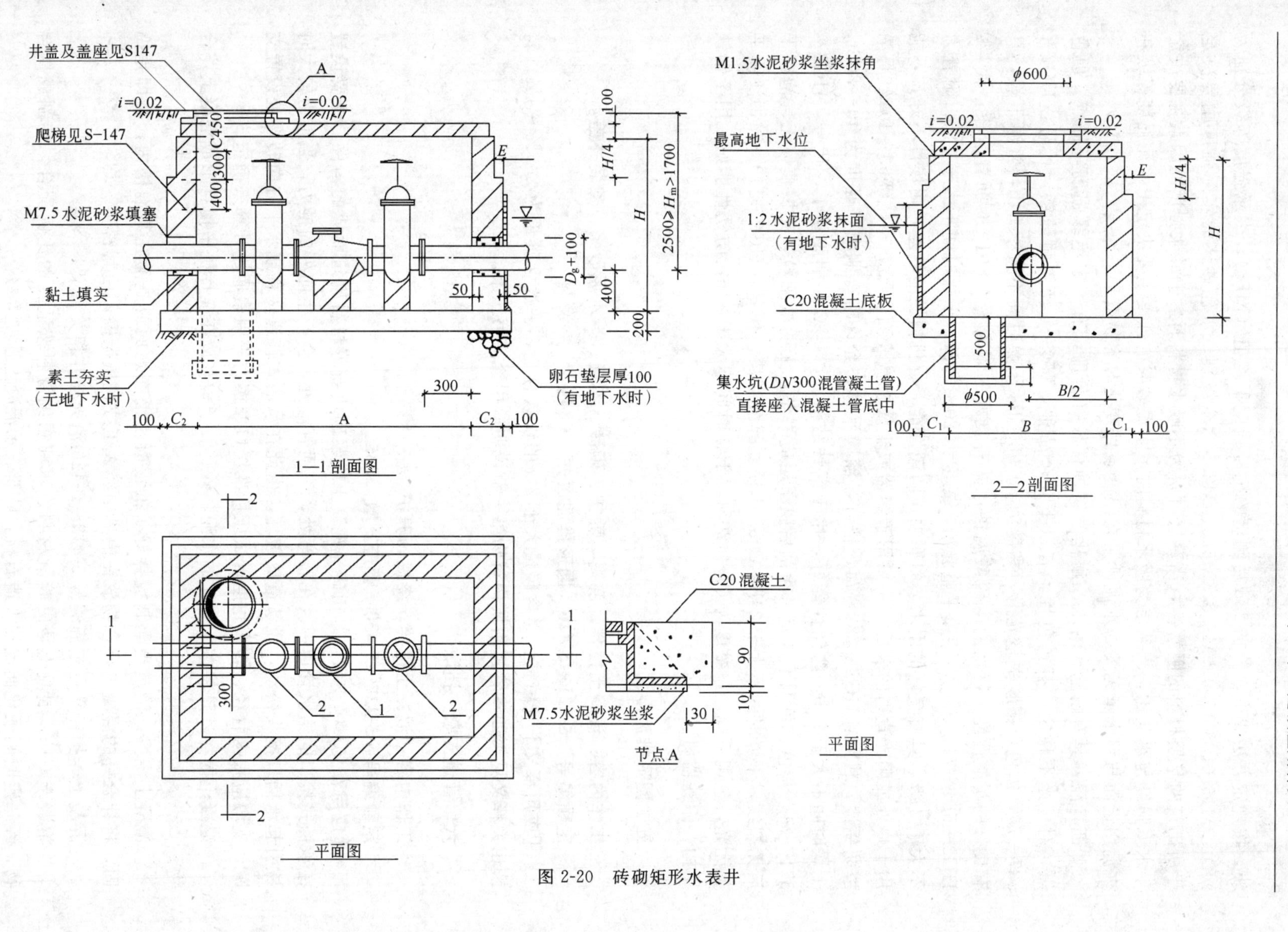

图 2-20 砖砌矩形水表井

块，按规定方法成形，养护28d后测定的抗压强度平均值（MPa），表示强度等级分别为M20、M15.0、M10.0、M7.5、M5.0、M2.5六个级别。水泥砂浆的实际强度主要决定于所砌筑的基层材料的吸水性，当基层材料为不吸水材料时影响砂浆强度的因素主要决定于水泥强度与水灰比，当基层为吸水材料时，水泥砂浆的强度主要决定于水泥强度等级和水泥用量而与用水量无关，水泥砂浆在湿度条件变化时容易变形。

沥青漆：具有耐潮、耐水、耐化学腐蚀性较好价廉，有一定绝缘强度等优点。但色黑，对日光不稳定，有锈色性。有以下几个品种：L50—1沥青耐酸漆，代号：HG2—587—74，黑色，漆膜平整光滑，黏度为50～80St，干燥时间不大于24h，常温干燥，具有良好的耐酸性能，特别能耐硫酸腐蚀，并有良好的附着力。L01—6沥青清漆，代号：HG2—584—74，黑色，漆膜平整光滑，黏度为20～30St，干燥时间不大于24h，附着力不大于2级，具有良好的耐水、耐腐蚀、防潮性能，但机械性能较差，耐候性不好，不能用于户外或阳光直射的表面，主要用于容器或金属机械表面。F53—31（F53—1）红丹酚醛防锈漆，代号：HG2—782—74，桔红，漆膜平整，允许略有刷痕，黏度为40～80St，干燥时间不大于24h，防锈性能好，用于钢铁结构。707—2灰酯胶腻子，代号：HG2—571—74，灰色、色调不规定，涂刮后腻子层应平整，无明显细粒，无擦痕，无气泡，干后无裂纹，干燥时间不大于24h。C06—1铁红醇酸底漆，代号：HG2—113—74，漆膜平整无光，色调不规定，黏度为60～120St，干燥时间不大于24h，防锈性能好，用于钢铁结构、钢铁器材。

五、圆形排泥湿井

工作内容：混凝土搅拌、浇捣、养护、砌砖、勾缝、抹水泥砂浆、安装井盖。

定额编号　5-421～5-426　圆形排泥湿井　P84

[应用释义]　铸铁：是含碳量大于2%的铁碳合金，一般含碳量为2.5%～4%。铸铁相关释义见第四章管道附属构筑物第一节说明应用释义第三条。

六、管道支墩（挡墩）

工作内容：混凝土搅拌、浇捣、养护。

定额编号　5-427～5-430　管道支墩　P85

[应用释义]　支墩：是由砖、混凝土或浆砌块石等材料砌筑而成的构件，主要设置在承插式接口的给水管道中。在转弯处，三通管端处，会产生向外的推力，当推力较大时易引起承插口接头松动，脱节造成破坏。由此在承插式管道垂直或水平方向转弯处设置支墩，支墩应根据管径、转弯角度，试压标准接口摩擦力等因素通过计算来确定。

混凝土搅拌：是将按配合比的水泥、砂、石子、水放在搅拌机中搅拌形成混凝土拌合物。

混凝土浇捣：浇是指配制搅拌好了的混凝土铺在地面或是灌在某沟槽内，捣即是捣固，将拌合好的混凝土拌合物放在模具中经人工或机械振捣，使其密实、均匀。

混凝土养护释义见定额编号5-418～5-420消火栓井相关释义。

混凝土C15：混凝土是由胶凝材料、水和粗细骨料按适当的比例配合，拌制成拌合物，经一定时间硬化而成的人造石材，C15表示混凝土强度等级。

灰浆搅拌机：是将砂、水、胶合材料（如水泥等）均匀地搅拌成砂浆的一种机械。在搅拌物料时搅拌筒固定不动，而用固定在转轴上的拌叶的旋转来拌合物料。灰浆搅拌机按其生产状态可分为周期作用式和连续作用式；按其安装方式可分为固定式和移动式；按出料方式可分为倾翻卸料式和活门卸料式。常用的灰浆搅拌机倾翻卸料式的有 HJ-150 型，HJ-200 型和活门卸料式 HJ-325 型等型号。①倾翻式卸料式灰浆搅拌机：它由电动机、传动齿轮组、搅拌系统、机架和卸料装置等组成，电动机驱动皮带轮，经过齿轮或蜗轮蜗杆减速，带动主轴转动，主轴上装有搅拌叶片，把加入拌筒内的混合料搅拌均匀成灰浆，然后倾翻拌筒卸出灰浆，待搅拌筒复位再加料，这样循环进行搅拌。②活门卸料式灰浆搅拌机：它由装料斗、机架、水箱、搅拌系统和卸料门等组成，电动机经三角皮带带动减速箱齿轮，由齿轮带动中轴转动，用固定在中轴上的拌叶强制搅拌物料，出料是操纵卸料活门手柄、开启活门卸出拌合物，给水是操纵给水手柄，使水箱放水，上料是操纵上料手柄，使料斗提升、翻转，将料斗中物料倒入搅拌筒。

第五章　取　水　工　程

第一节　说明应用释义

一、本章定额内容包括大口井内套管安装、辐射井管安装、钢筋混凝土渗渠管制作安装，渗渠滤料填充。

[应用释义]　大口井：是用于开采浅层地下水的一种取水构筑物。它主要由井筒、井口及进水部分组成。大口井井筒可采用钢筋混凝土、砖石等材料制成，大口井的井径尺寸为2～12m，常用为4～8m；深度为30m以内，常用为6～12m。地下水埋藏较浅，一般在12m以内，含水层厚度一般在5～20m，补给条件良好、渗透性较好、渗透系数最好在20m/天以上，适于任何砂砾地区，单井出水量一般为500～10000m^3/天，最大为20000～30000m^3/天。

辐射井：是用于开采浅层地下水的一种取水构筑物，井径为2～12m，常用为4～8m，井深为30m以内，常用为6～12m，地下水埋藏较浅，一般在12m以内，含水层厚度一般在5～20m，能有效地开采且水量丰富、含水层较薄的地下水和河床下渗透水，补给条件良好。含水层最好为中粗砂或砾石层并不含漂石，单井出水量一般为5000～50000m^3/天。

渗渠：地下水取水构筑物形式之一，管径为0.45～1.5m，常用为0.6～1.0m。埋深为10m以内，常用为4～7m，地下水埋藏较浅，一般在2m以内，含水层厚度较薄，一般约为1～6m，补给条件良好，渗透性较好，适用于中砂、粗砂、砾石或卵石层，一般为15～30m^3/（天·m），最大为50～100m^3/（天·m）。①中砂指砂类土的粒径大于0.25mm的颗粒超过全重的50%。②粗砂指砂类土的粒径大于0.5mm的颗粒超过全重50%。③卵石指岩石由于自然条件作用而形成的粒径大于5mm的颗粒，以圆形及亚圆形为主。④地下水是指储藏于地底下的水，在地层渗滤过程中，悬浮物和胶质已基本或大部分去除。水质清澈，且水源不易受外界污染和气温影响，因而水质、水温较稳定，一般宜作为生活饮用水和工业冷却用水的水源，由于地下水流经岩层时溶解了各种可溶性矿物质，因而水的含盐量通常高于地表水（海水除外）。至于含盐量多少及盐类成分，则决定于地下水流经地层的矿物质成分、地下水埋深和与岩层接触时间等。我国水文地质条件比较复杂，各地区地下水中含盐量相差很大，但大部分地下水的含盐量在200～500kg/L之间。一般情况下，多雨地区如东南沿海及西南地区，由于地下水受到大量雨水补给，可溶盐大部分已经溶失，故含盐量较低；干旱地区，如内蒙、甘肃、青海等西北地区，地下水含盐量较高，地下水硬度高于地表水。我国地下水总硬度通常在60～300mg/L（以CaO计）之间，少数地区有时高达300～700mg/L。我国含铁地下水分布较广，比较集中的地区是松花江流域和长江中、下游地区，黄河流域、珠江流域等地区也有含铁地下水。我国地下水的含铁量通常在10mg/L以下，个别可高达30mg/L，地下水中的锰常与铁共存，但含量较铁少，我国地下水含锰量一般不超过2～3mg/L，个别也有高达10mg/L的。由于地下水含盐量和硬度较高，故用来作为某些工业用水水源未必经济，地下水含铁、锰量超过生活饮用水卫生标准时，需经过除铁除锰处理后方可使用。最广泛的除铁除锰方法是：氧化法和接触氧化法。前者通常设置曝气装置、氧化反应池和砂滤池；后者通常设置曝气装置和接触氧化滤池，工艺系统的选择应根据是否单纯除铁还是同时除铁除锰，原水铁、锰含量及其他有关水质特点确定，还可采用药剂氧化、生物氧化法及离子交换法等。通过上述处理方法（离子交换法除外），使溶解性二价铁和锰分别转变成三价铁和四价锰并产生沉淀物而去除。

按地下水埋藏条件可将地下水分三类：即上层滞水、潜水、承压水。若根据含水层的空隙性质又可分为：孔隙水、裂隙水、岩溶水。①上层滞水：完全靠大气降水或地表水直接补给。其水量随季节变化，旱季甚至干枯，不宜作为供水量大而且水量稳定的给水水源，作为饮用水源时应严加防护。②潜水：无稳定的隔水顶板存在，而只有隔水底板，多存在于第四纪沉积层的孔隙及裸露于地表基岩裂缝和空隙中。因此一般情况下分布区和补给区是一致的，潜水的水位、流量和化学成分随着地区和时间的不同而变化。我国潜水分布较广泛，常作为给水水源。但由于易被污染，应加强卫生防护。③承压水，亦称层间水，是指充满上下隔水层之间的有压地下水。承压水的主要特点是有稳定的隔水顶板存在，而没有自由水面，其水位、水量、气候、水文等因素影响较少，水质稳定，不易受污染，是较好的城市给水水源。地下水通常水质清澈，水温稳定，细菌含量较少，但其含矿物盐量较地表水（不包括海水、盐湖水）高，地下水分类表如表 2-33。

地下水分类表 **表 2-33**

按埋藏条件	按含水层空隙性质		
	孔隙水	裂隙水	岩溶水
上层滞水	季节性存在于局部隔水层上的重力水	露出于地表的裂隙岩层中季节性存在的水	裸露岩溶化岩层中季节性存在的悬挂水
潜水	上部无连续完整隔水层存在的各种松散岩层中的水	基岩上部裂隙中的无压水	裸露岩溶化岩层中的无压水
承压水	松散岩层组成的向斜、单斜和山前平原自流斜地中的地下水	构造盆地及向斜、单斜岩层中的裂隙承压水，断层破碎带深部的局部承压水	向斜及单斜岩溶化岩层中的承压水

“大口井内套管安装”、“辐射井管安装”、“钢筋混凝土渗渠管制作安装”“渗渠滤料填充”均按本定额说明施工。

二、大口井内套管安装

1. 大口井套管为井底封闭套管，按法兰套管全封闭接口考虑。

[**应用释义**] 大口井套管是指井底封闭套管，大口井套管安装接口是按法兰套管全封闭接口考虑。

2. 大口井底作反滤层时，执行渗渠滤料填充项目。

[**应用释义**] 大口井底：大口井是用于开采浅水层地下水的一种取水构筑物，大口

井底需作反滤层过滤。地下水大口井底反滤层除大颗粒岩层及裂隙含水层外，在一般含水层中都应铺设反滤层。一般为3～4层，成锅底状，滤料自下而上逐渐变粗，每层厚度为200～300mm，含水层为细、粉砂时，层数和厚度应适当增加。由于刃脚处渗透压力较大、易涌砂，靠刃脚处滤层厚度应加厚20%～30%，井底反滤层滤料级配与井壁进水孔相同，滤料可分为两层填充，总厚度与井壁厚度相适应，与含水层相邻一层的滤料粒径，可按下式计算：$\frac{D}{d_i}\leqslant 8$。式中，D表示与含水层相邻一层滤料的粒径。d_i表示含水层颗粒的计算粒径，细砂、粉砂$d_i=d_{40}$，中砂$d_i=d_{30}$，粗砂$d_i=d_{20}$，d_{40}、d_{30}、d_{20}分别为含水层颗粒过筛重量累计百分比为40%，30%，20%时的粒径，两相邻滤料层粒径比一般为2～4,滤料粒径是指把滤料颗粒包围在内的一个假想的球体直径，大口井井壁进水孔易于堵塞，多数大口井主要依靠井底进水，故大口井能否达到应有的出水量，井底反滤层质量是重要因素，如反滤层铺设厚度不均匀或滤料不合规格都有可能导致堵塞和翻砂，使出水量下降。定额规定，反滤层执行渗渠滤料填充子目。

三、本章定额不包括以下内容，如发生时，按以下规定执行。

1. 辐射井管的防腐，执行《全国统一安装工程预算定额》有关定额。

[应用释义] 辐射井管：辐射井是一个地下水取水构筑物，单井出水量一般为5000～50000m^3/天，辐射井管是辐射井取水工具，易被腐蚀，因而需要防腐措施，防腐执行《全国统一安装工程预算定额》有关定额。

2. 模板安装拆除、钢筋制作安装、沉井工程，如发生时，执行第六册“排水工程”有关定额。其中渗渠制作的模板安装拆除人工按相应项目乘以系数1.2。

[应用释义] 沉井工程：包括基坑开挖、井筒制作、井筒下沉及井筒封底等过程。给排水泵站、取水构筑物桥墩等下部结构，由于埋深大，平面尺寸相对较小，不适宜采用大开槽法工程时，可采用沉井工程，但选用沉井法施工时，应根据结构特点、施工环境、工程地质和水文地质、技术水平等条件，经过技术经济比较确定。

(1) 基坑开挖：应尽量采用生产效率高的机械来完成，有条件的可进行综合机械化作业，以加快施工进度。对于较浅、长度不大的管沟或小型基坑，也可用人工开挖。①人工开挖：基坑深度在3m以内，可直接采用人工开挖；超过3m用铁锹挖土向基坑边上翻土已十分困难，应分层开挖，每层的深度不宜超过2m。层与层间留台，留台宽度：放坡开槽时不应小于0.8m，直槽时不应小于0.5m，安装井点设备的不应小于1.5m。②机械开挖，常用单斗挖掘机和多斗挖掘机（亦称挖沟机）。*a*. 单斗挖掘机，主要装置有：工作装置、传动装置、动力装置、行走装置。工作装置：有正铲、反铲、拉铲及抓铲等，传动装置分液压传动和绳索传动，液压式单斗挖掘机操作灵活，切力大，机构简单，而且能比较准确地控制挖土深度；动力装置为内燃机；行走装置为履带式和轮胎式。(*a*) 正铲挖掘机，开挖机械停留面以上的一至四类土。机械功率较反铲大，土斗容量大，挖掘力大，生产效率高，适用于开挖高度大于2m的干燥基坑。(*b*) 反铲挖掘机开挖机械停留面以下的一至三类土。常用沟端开挖和沟侧开挖。(*c*) 拉铲挖掘机，功能与反铲挖掘机基本相同，但挖掘半径和开挖深度都较反铲挖掘机大，开挖较深基坑时，不需设很长坡道作运输道，适用于水下开挖。(*d*) 抓铲开挖，有液压式和绳索式两种，适用开挖面积小、深度较大，并且土质为一至三类土的基坑，多用于水下开挖以及沉井施工。*b*. 多斗挖掘机，也称挖沟机，是由许多土斗连续循环进行挖土作业的施工机械，按工作装置可分为链斗式和轮斗式两种，按卸土方法分为装有卸土皮带运输器和未装有卸土皮带运输器两种，多斗挖掘机由工作装置、行走装置、动力操纵装置等部分组成，挖土作业连续进行，在相同条件下生产率高，开挖沟槽较整齐，在连续挖土的同时，可将土自动卸在沟槽一侧，适宜开挖黄土、砂质土和黏质砂土，不宜用于开挖坚硬的土和含水量大的土。*c*. 推土机、液压挖掘装载机、铲运机。推土机构造简单、操作灵活、运输方便，所需工作面积较小，功率较大，行驶速度快，易于转移，能爬30°左右的缓坡，多用于场地清理和平整。在其后面可装松土装置破松硬土和冻土，还可以牵引其他无动力土方施工机械，可以推挖一至三类土。铲运机是一种能综合完成土方施工工序的机械，操作简单灵活，行驶速度快，生产率高，运转费用低，宜用于场地地形起伏不大，坡度在20°以内，土的天然含水量不超过27%的大面积场地平整，液压挖掘装载机能完成挖掘、装载、起重、推土、回填、垫平等工作。常用于中小型管道基坑的开挖，可边挖槽边安装管道。

(2) 井筒制作，井筒大多采用钢筋混凝土结构，也有用砖石砌体，井筒横截面有圆形、矩形或椭圆形，井壁厚度有等截面和变截面两种，底部呈刃脚状。

(3) 井筒下沉，必须克服井壁与土层的摩擦力和土层对刃脚的反力，即：$G-F\geqslant T+R$，式中G沉井自重（kN）；F井筒所受浮力（kN）；井筒内无水时$F=0$；R刃脚反力（kN），刃脚底面及斜面土方挖空时则$R=0$；T井筒外壁所受土层的摩擦力（kN）。其中，T按F式计算：$T=K\cdot f\pi\cdot D\left[h+\frac{1}{3}(H-h)\right]$，式中，$D$为井筒外径（m）；$H$为井筒总高度（m）；$h$为刃脚高度（m）；$K$为安全系数，一般为1.15～1.25；$f$为土与井壁的单位面积摩擦力（$kN/m^2$），黏性土$f$为24.5～49，砂性土$f$为11.8～23.5，砂卵石$f$为17.6～29.4，砂砾石$f$为14.7～19.6，软土$f$为9.8～11.8。当通过上述计算，沉井下沉不能靠重力下沉时，可与设计人员协商，适当加大井壁厚度或者在井筒顶部施加外荷载，增加下沉重量。

(4) 井筒封底：沉井下沉达到设计标高，且24h自沉量不大于100mm时，可进行沉井的封底工作，封底结构由砾石（或片石）垫层、混凝土层和钢筋混凝土层组成，封底方法有排水封底和不排水封底两种。①沉井排水封底，由两阶段组成。第一阶段是封住集水井以外的全部井底，地下水从集水井排出，保证混凝土的浇筑质量。第二阶段封堵集水井。②沉井不排水封底一般采用垂直导管法浇筑混凝土封底，井筒为不排水下沉时，常采用这种方法，又称水下封底。该方法在沉井内垂直放入一根或数根直径为200～300mm的钢制导管，管底距井底土面300～400mm。在导管顶部连接一个有一定容量的漏斗，在漏斗的颈部安放球塞，并用绳索或粗钢丝系牢，此即为垂直导管法浇筑混凝土装置。

模板安装拆除，钢筋制作安装，沉井工程等工作，如发生时，执行第六册“排水工程”有关定额以及定额说明。

渗渠：用于开采地下水的一种取水构筑物。适用于管径为0.45～1.5m。常用为0.6～1.0m，渗渠管埋深为10m以内，常用为4～7m。地下水埋藏较浅，一般在2m以内，含水层厚度较薄，一般约为1～6m，补给条件良好、渗透性较好，适用于中砂、粗砂、砾石或卵石层。出水量一般为 15～30m^3/（天·m），最大为 50～100m^3/（天·m）。在制作渗渠时，模板安装、拆除需人工操作，定额说明人工操作按相应项目乘以系数 1.2。

3. 土石方开挖、回填、脚手架搭拆、围堰工程执行第一册“通用项目”有关定额。

［应用释义］　土石方开挖：一般采用人工开挖、半机械化开挖及机械开挖等方法。当土方量不大或不适于机械开挖时，可采用人工开挖。

（1）人工开挖，沟槽土石方深度在 3m 以内可直接采用人工开挖。超过 3m 用铁锹挖土向沟槽边上翻土已十分困难，应分层开挖，每层的深度不宜超过 2m，层与层间留台。留台宽度：放坡开槽时不应小于 0.8m，直槽时不应小于 0.5m，安装井点设备的不应小于 1.5m。机械开挖，常用的机械有单斗挖掘机和多斗挖掘机。单斗挖掘机的主要装置有工作装置、传动装置、动力装置、行走装置。工作装置有正铲、反铲、拉铲及抓铲（合瓣铲）等，传动装置又分液压传动和绳索传动，动力装置为内燃机，行走装置为履带式和轮胎式。在土石方开挖中，不同种类的土，开挖难度不同，工程量亦不同。根据《地基基础设计规范》把地基土分成五类。每类土又分成若干类。

（2）岩石，在自然状态下，颗粒间牢固连接，呈整体的或具有节理裂隙的岩体，按成因分为岩浆岩、沉积岩和变质岩；根据坚硬程度分为硬质岩石和软质岩石；根据风化程度分为微风化、中等风化和强风化；按软化系数 K_R 分为软化岩石和不软化岩石。K_R 为饱和状态与风干状态的岩石单轴极限抗压强度之比，$K_R \leqslant 0.75$ 为软化岩石，$K_R > 0.75$ 为不软化岩石。

（3）碎石土，粒径大于 2mm 的颗粒含量占全重 50%以上。根据颗粒大小级配和占全重百分率不同，分为漂石、块石、卵石、圆砾和角砾五种。漂石以圆形及亚圆形为主，粒径大于 200mm 的颗粒超过全重 50%；块石以棱角形为主，粒径大于 200mm 的颗粒超过全重 50%卵石以圆形及亚圆形为主，粒径大于 20mm 的颗粒超过全重 50%；圆砾以圆形及亚圆形为主，角砾以棱角形为主粒径大于 2mm 的颗粒超过全重 50%。

（4）砂土，粒径大于 2mm 的颗粒含量小于或等于全重 50%，干燥时呈塑性或微有塑性（塑性指数 $I_P \leqslant 3$）的土。砂土根据粒径大小和占全重的百分率不同，又可分为砾砂、粗砂、中砂、细砂和粉砂五种。砾砂粒径大于 2mm 的颗粒占全重 25%～50%。粗砂粒径大于 0.5mm 的颗粒超过全重 50%。中砂粒径大于 0.25mm 的颗粒超过全重 50%。细砂粒径大于 0.075mm 的颗粒超过全重 85%。粉砂粒径大于 0.075mm 的颗粒超过全重的 50%。

（5）黏性土，塑性指数 $I_P > 3$ 的土。①按塑性指数 I_P 分为轻亚黏土、亚黏土和黏土。塑性指数（I_P）指土的液限和塑限的差值，即土处在可塑状态的含水量变化范围。液限指土由可塑状态到流动状态的界限含水量。塑限指土由半固态转动可塑状态的界限含水量，轻亚黏土指塑性指数在 3～10 之间的土，亚黏土指土的塑性指数在 10～17 之间，黏土指塑性指数大于 17 的土。②黏性土按沉积年代划分为：老黏性土、一般黏性土和新近沉积黏性土。*a.* 老黏性土是指第四纪晚更新世及其以前沉积的黏性土，它是一种沉积年代久、工程性质较好的黏性土，一般具有较高的强度和较低的压缩性。*b.* 一般黏性土，是指第四纪全新世沉积的黏性土。*c.* 新近沉积的黏性土，是指文化期以来新近沉积的黏性土。一般为永久固结的，且强度较低。

（6）人工填土，按其形成有素填土、杂填土和冲填土。①素填土：由碎石、砂土、黏性土组成的填土，经分层夯实的统称素填土，其中不含杂质或含杂质较少。②杂填土是由含大量建筑垃圾、工业废料或生活垃圾等杂物的填土，按其组成物质成分和特征分为建筑垃圾土、工业垃圾土及生活垃圾土。③冲填土是由水力冲填泥砂形成的填土。

土石方回填。这一工程是由还土、摊平、夯实、检查四步组成，每步均应符合要求。

(1) 还土，土石方回填的土料大多是开挖出的素土。但当有特殊要求时，可按设计回填砂、石灰土、砂砾等材料。回填土的含水量应按土类和采用的压实工具控制在最佳含水量附近。回填土或其他材料时，还应符合下列规定：①采用素土回填时不得含有机物。冬季回填时可均匀掺入部分冻土，其数量不得超过填土总体积的15%，且冻块尺寸不得大于10cm。②管道两侧及管顶以上0.5m范围内，不得回填大于50mm的砖、石、冻土或其他硬块；对有防腐绝缘层的直埋管道周围，应采用细颗粒土回填。③采用砂、石灰土或其他非素土回填时，其质量要求按设计规则执行。④不采用淤泥、腐殖土及液化状的粉砂、细砂等回填。

(2) 摊平，每还一层土都要采用人工将土摊平。使每层土都接近水平，每次还土厚度应尽量均匀。

(3) 夯实，回填土夯实通常采用人工夯实和机械夯实两种方法。①人工夯实分木夯和铁夯。每次虚铺土厚度不宜超过20cm。人工夯实劳动强度高、效率低。②机械夯实，有蛙式夯、内燃打夯机、压路机、振动压路机。*a.* 蛙式夯，蛙式打夯机由偏心块、前轴、夯头架、夯板、拖盘等组成。工作时，由于偏心块旋转所产生的离心力，使夯锤升起又落下，而且可边夯边前进像青蛙行走一样，故得其名。使用方便、结构简单。如功率2.8kW蛙式夯，在填土最佳含水量情况下，每次虚铺土厚度达20～25cm，夯夯相连。夯打3～4遍即可达到填土压实度95%左右。*b.* 内燃式打夯机，又称火力机。它是以内燃机作动力的打夯机。工作原理：是将机身抬起，使缸内吸入空气，雾化的燃油和空气在缸内混合，然后关闭气阀，靠夯身下落而将混合气体压缩，并经磁电机打火将其点燃，爆发后把夯抬高、落下后起到夯土作用。它的冲击频率很高，且有振动作用，但它对土壤的主要作用仍是冲击式，使填土压实。*c.* 压路机、振动压路机：压路机是利用沉重的滚筒或轮子的重量，沿土面滚动时所产生的静压力，将土压实的一种机械。振动压路机，则是利用机械的高频振动，把能量传给土层，使土层颗粒重新组合而达到密实的机械。填土夯实亦是指对填土施加作用力，使土粒移动、土层孔隙中的空气被挤出，土体的体积缩小，密实度和干容重增大，使其承载能力和抗剪强度得到提高 …… 降低。

(4) 检查，指每层土夯实后，应测定 …… 和贯入法。

围堰工程：围堰是保证基础工程开 …… 筑物。此种设施方法简单，材料易筹备，宜在基础较浅 …… 采用。主要有以下几种形式：

(1) 土围堰，适用于水深小于 …… 冲刷小、近浅滩的河边尤为适用。

(2) 草袋围堰，适用于水深小于 …… 水。

(3) 木桩编条围堰，适用于水深 …… 。

(4) 木板桩围堰，适用于水深小 …… 桩入土部分，能提供必要的反压能力。

(5) 钢板桩围堰，适用于水深4～18m，覆盖层较厚，河床砂类土、半干硬黏性土、碎石类土或较软岩层。

①平形，断面模量小，不宜于直线围堰。②槽形断面模量小，不宜于直线围堰。③Z形，断面模量大必须两块以上组成后插打。围堰的堰顶高度应高出施工期可能出现的最高水位50～70cm。堰顶宽度一般为1～2m，有黏土心墙时为2～2.5m还要满足行车需要。

土石方回填及开挖，还有脚手架搭建与拆除，围堰工程，均执行第一册"通用项目"有关定额。

4. 船上打桩及桩的制作，执行第三册"桥涵工程"有关项目。

[**应用释义**] 桩：按施工方法的不同分为预制桩和灌注桩两大类。

(1) 预制桩，按所用的材料不同，可分为混凝土预制桩、钢桩和木桩。①混凝土预制桩：是由混凝土、钢筋等制成的。截面形状、尺寸和长度可在一定范围内按需要选择，其横截面有方、圆等各种形状，普通实心方桩的截面边长一般为300～500mm，现场预制桩的长度一般在25～30m以内。工厂预制桩的分节长度一般不超过12m，大截面实心桩的自重大，其配筋主要受起吊、运输、吊立和沉桩等各阶段的应力控制。因而用钢量较大，采用预应力混凝土桩则可减轻自重、节约钢材、提高桩的承载力和抗裂性，预应力混凝土管桩采用先张法预应力工艺和离心成型法制作。经高压养护（蒸汽）生产的PHC管桩，其桩身混凝土强度等级为C80或高于C80，未经高压蒸汽养护生产的为PC管桩（C60或接近C60）。常用的PHC、PC管桩的外径为300～600mm，分节长度为5～13m。②钢桩，常用的钢桩有下端开口或闭口的钢管桩以及H型钢桩，一般钢管桩的直径为250～1200mm。③木桩，常用松木、杉木做成，其桩径（小头直径）一般为160～260mm，桩长为4～6m。木桩自重小，具有一定的弹性和韧性，又便于加工、运输和施工。木桩在淡水下是耐久的，但在干湿交替的环境中极易腐烂，故应打入最低地下水位以下0.5m。

(2) 灌注桩，是直接在所设计桩位处成孔，然后在孔内加放钢筋笼再浇灌混凝土而成。大体可分为沉管灌注桩和钻孔灌注桩。①沉管灌注桩可采用锤击振动、振动冲击等方法沉管成孔。*a*. 锤击沉管灌注桩。常用直径为300～500mm桩长常在20m以内，可打至硬塑土层或中、粗砂层。这种桩的施工设备简单，打桩进度快，成本低，但易产生缩顶、断桩、局部夹土、混凝土离析和强度不足等问题。*b*. 振动沉管灌注桩的钢管底端带有活瓣桩尖或套上预制钢筋混凝土桩尖。横截面直径一般为400～500mm，常用的振动锤的振动力为70kN、100kN和160kN。*c*. 内击式沉管灌注桩又称弗朗基桩，是指在地面竖起钢套筒。在筒底放进约1m高的混凝土，并用长圆柱形吊锤在套筒内锤打。以便形成套管底端的混凝土"塞头"。以后锤打塞头带动套管下沉，沉入深度达到要求后，吊住套筒，浇灌混凝土并继续锤击，使塞头脱出筒口。形成扩大的桩端，锤击成的扩大桩端直径可达桩身直径的2～3倍。当桩端不再扩大而使套筒上升时，开始浇灌桩身混凝土，同时边拔套筒边锤击，直至到达所需高度为止。由此而制成的桩称为内击式沉管灌注桩。②钻孔灌注桩，把桩孔位置处的土排出地面，清除孔底残渣，安放钢筋笼，并浇筑混凝土而制成的灌注桩，直径为600mm或650mm，常用回转机具成孔，桩长10～30m。③挖孔桩，可采用人工或机械挖掘成孔，人工挖孔桩应人工降低地下水位，每挖深0.9～1.0m，就浇灌或喷射一圈混凝土护壁达到所需深度时再进行扩孔，最后在护壁内安装钢筋笼和浇灌混凝土而成，挖孔桩的直径不宜小于1m，深度为15m。桩径应在1.2～1.4m以上，桩身长度限制在30m内。优点是可直接观察地层情况，孔底易清除干净，设备简单，噪声小，场区各桩可同时施工。桩径大，适应性强，又较经济。船上打桩及桩的制作，执行第三册“桥涵工程”有关项目。

5. 水下管线铺设，执行第七册“集中供热工程”有关项目。

［应用释义］　管线：指管道及管道线路，管道铺设宜由低向高进行。承口朝向施工方向，水下管线铺设，执行第七册“集中供热工程”有关项目。

第二节　工程量计算规则应用释义

大口井内套管、辐射井管安装按设计图中心线长度计算。

［应用释义］　在取水工程安装设计图中，各类井及各类管道安装，均有标明。大口井内套管，安装包括大口井壁制作、下沉、混凝土封层，辐射井管安装按集水井内用顶管机顶进为准。管径分为108mm、159mm、219mm、225mm四个子目。安装时均按设计图中心线长度来计算安装费用。

第三节　定额应用释义

一、大口井内套管安装

工作内容：套管，盲板安装、接口、封闭。

定额编号　5-431～5-433　大口井内套管安装　P90

［应用释义］　盲板，又称法兰盖，是指中间不带管孔的法兰，供管道封口用。盲板的密封面应与其相配的另一个法兰对应，压力等级与法兰相等。根据盲板公称通径的大小，又有多种，如盲板*DN*100、盲板*DN*200、盲板ND300等类型，安装时应注意。

膨胀水泥释义见定额编号5-245～5-259膨胀水泥接口铸铁管件安装释义。

橡胶板释义见定额编号5-139～5-152焊接钢管新旧管连接相关释义。

油麻释义见定额编号5-215～5-229铸铁管件安装相关释义。

带帽带垫螺栓，垫圈：见定额编号5-306～5-316马鞍子安装相关释义。

大口井内套管：大口井是用于开采浅层地下水的一种取水构筑物，主要由井筒、井口及进水部分组成，大口井井筒可采用钢筋混凝土、砖石等材料制成，大口井内套管即用在大口井内，用于管道的连接形状有多种，主要用在吸水管上，如*DN*100、*DN*200、*DN*300等。安装套管时应注意套管的大小及连接方式、形状。大口井具有结构及构造简单，取材容易，使用年限长，容积大，能兼起调节水量作用等优点，在中小城镇、铁路、农村供水采用较多。但大口井深度不大，对水位变化适应性差，采用时，必须注意地下水位变化的趋势。大口井主要由井筒、井口及进水部分组成。

1. 井筒，通常用钢筋混凝土或砖、石等组成，用以加固井壁及隔离不良水质的含水层。用沉井法施工的大口井，在井筒最下端应设钢筋混凝土刃脚，在井筒下沉过程中用以切削土层，便于下沉，为减小摩擦力和防止井筒下沉中受障碍物的破坏，刃脚外缘应凸出井筒 5～10cm。井筒如采用砖、石结构，也需要用钢筋混凝土刃脚，刃脚高度不小于 1.2m，大口井外形通常为圆筒形，圆筒形井筒易于保证垂直下沉；受力条件好、节省材料；对周围地层扰动较少，利于进水。但圆筒形井筒紧贴土层，下沉摩擦力较大，深度较大的大口井常采用阶梯圆形井筒，此种井筒系变断面结构，结构合理、具有圆形井筒的优点，下沉时可减小摩擦力。

2. 井口：为大口井露出地表的部分。为避免地表污水从井口或沿井壁侵入，污染地下水，井口应高出地表 0.5m 以上，并在井口周边修建宽度为 1.5m 的排水坡。如覆盖层系透水层，排水坡下面还应填以厚度不小于 1.5m 的夯实黏土层，在井口以上部分，有的与泵站合建在一起。其工艺布置要求与一般泵站相同，有的与泵站分建只设井盖，井盖上部设有人孔和通风管。在低洼地区及河滩上的大口井，为防止洪水冲刷和淹没人孔，应用密封盖板，通风管应高于设计洪水位。

3. 进水部分：包括井壁进水孔（或透水井壁）和井底反滤层。

（1）井壁进水孔：常用的进水孔有水平孔和斜形孔两种。水平孔施工较容易，采用较多，一般为 100～200mm 直径的圆孔或 100mm×150mm～200mm×250mm 矩形孔。为保持含水层的渗透性，孔内装填一定级配的滤料层。孔的两侧设置网格，以防滤料漏失，水平孔不宜按级配分层加填滤料。为此也可用预先装好滤料的钢丝笼填入进水孔。斜形孔多为圆形，孔倾斜度不超过 45°。孔径 100～200mm。孔外侧没有网格，斜形孔滤料稳定，易于装填、更换，是一种较好的进水孔形式，进水孔中滤料可分两层填充，总厚度与井壁厚度相适应。与含水层相邻一层的滤料粒径可按下式计算：$\frac{D}{d_i} \leqslant 8$，式中，$D$ 表示与含水层相邻一层滤料的粒径；d_i 表示含水层颗粒的计算粒径，细粉砂 $d_i = d_{40}$；中砂 $d_i = d_{30}$；粗砂 $d_i = d_{20}$；d_{40}、d_{30}、d_{20} 分别为含水层颗粒过筛重量累计百分比为 40%、30%、20%时的粒径。两相邻滤料层粒径比一般为 2～4。当含水层为砂砾或卵石时，亦可用孔径为 25～50mm 不装滤料的圆形或锥形孔（里大外小），进水孔的交错布置在动水位以下的井筒部分，其孔隙率在 15%左右。

（2）透水井壁：由无砂混凝土制成。透水井壁有多种形式，如：有以 50cm×50cm×20cm 无砂混凝土砌块构成的井壁；也有以无砂混凝土整体浇筑的井壁。如井壁高度较大，可在中间适当部位设置钢筋混凝土圈梁，以加强井壁强度。无砂混凝土大口井制作方便、结构简单、造价低，但在细粉砂地层和含铁地下水中易堵塞。

（3）井底反滤层：除大颗粒岩层及裂隙含水层外，在一般含水层中都应铺设反滤层。反滤层一般为 3～4 层，成锅底状，滤料自下而上逐渐变粗，每层厚度为 200～300mm。含水层为细粉砂时，层数和厚度应适当增加。由于刃脚处渗透压力较大，易涌砂，靠刃脚处滤层厚度应加厚 20%～30%。井底反滤层滤料级配与井壁进水孔相同，大口井井壁进水孔易于堵塞，多数大口井主要依靠井底进水，故大口井能否达到应有的出水量。井底反滤层质量是重要因素，如反滤层铺设厚度不均匀或滤料不合规格都有可能导致堵塞和涌砂，使出水量下降。此外在设计大口井时注意：大口井井位应选在地下水补给丰富、含水层透水性良好、埋藏浅的地段。为了渗取水质较好的水，井不能距含水层太近，其距离应在 2.5m 以上；在考虑大口井基本尺寸时，应注意井径对出水量的影响，在出水量不变条件下，采用较大直径的大口井，也可减小水位降落值。降低取水的电耗，采用较大直径的大口井，还能降低进水流速，延长大口井的使用期；由于大口井井深不大，地下水位的变化对井的出水量和抽水设备的正常运行有很大影响。对于开采河床地下水的大口井，因河水水位变幅大，更应注意，在计算井的出水量和确定水泵安装高度时，均应以枯水期最低设计水位为准，抽水试验也应在枯水期进行为宜，还应注意到地下水位区域性下降的可能性，以及由此引起的影响。对于布置在岸边或河滩，依靠河水补给的大口井，应该考虑含水层堵塞引起出水量的降低。

二、辐射井管安装

工作内容：钻孔、井内辐射管安装、焊接、顶进。

定额编号　5-434～5-437　辐射井管安装　P91

［应用释义］　辐射井管：是用于开采地下水的一种取水构筑物，井径为2～12m，常用的为4～8m，井深为30m以内，常用为6～12m，适用于地下水埋藏较浅，一般在12m以内，含水层厚度一般在5～20m，能有效地开采且水量丰富，含水层较薄的地下水和河床下渗透水，补给条件良好，含水层最好为中粗砂或砾石层并不含漂石，单井出水量一般为5000～50000m^3/天。辐射井，是由集水井与若干辐射状铺设的水平或倾斜的集水管（辐射管）组合而成。

1. 辐射井的形式：分为两种形式：一种是从不封底集水井（即井底进水的大口井）与辐射管同时进水的辐射井；一种是集水井封底，仅由辐射管集水的辐射井。前者适用于厚度较大的含水层（5～10m），但大口井与集水管的集水范围在高程上相近，互相干扰影响较大；后者适用于较薄含水层（小于等于5m），由于集水井封底。对于辐射管施工和维修均较方便。按补给情况，辐射井可分：集取地下水的辐射井、集取河流或其他地表水体渗透水的辐射井、集取岸边地下水和河床地下水的辐射井；按辐射管铺设方式可分单层辐射管的辐射井和多层辐射管的辐射井。辐射井是一种适应性较强的取水构筑物。一般不能用大口井开采的，厚度较薄的含水层，可用辐射井开采；一般不能用渗渠开采的厚度薄、埋深大的含水层，也可采用辐射井开采。此外辐射井对开发位于咸水上部的淡水透镜体，较其他取水构筑物更为适宜，又是一种高效能地下水取水构筑物，辐射井进水面积大，其单井产水量为各类地下水取水构筑物之首，高产辐射井日产水量在10万m^3以上。优点在于管理集中、占地少、便于卫生防护等。辐射井产水量的大小，不仅取决于水文地质条件（如含水层透水性和补给条件）和其他自然条件，而且很大程度上决定于辐射管的施工质量和施工技术水平。

2. 辐射井的构造　辐射井是由集水井和辐射管组成。

(1) 集水井，亦称明沟。一般布置在沟槽一侧，距沟槽底边1.0～2.0m，井距与含水层的渗透系数、出水量大小有关。一般间距为50～80m左右，井底应低于沟槽底1.5～2.0m。保持有效水深1.0～1.5m，并使集水井水位低于排水沟内水位0.3～0.5m为宜。集水井应在开挖沟槽之前先施工。集水井井壁可用木板密撑，直径600～1250mm的钢筋混凝土管、竹材等支护，一般带水作业，挖至设计深度时，井底应用木盘或卵石封底，集水井的作用是集合从辐射管来的水、安放抽水设备以及作为辐射管施工的场所。对于不封底的集水井还兼有取水井之作用，集水井直径不应小于3m。我国多数辐射井都采用不封底的集水井，用以扩大井的出水量。但不封底的集水井对辐射管施工及维护均不方便，集水井通常都采用圆形钢筋混凝土井筒，沉井施工。

（2）辐射管：辐射管的配置可为单层或多层。每层根据补给情况采用4～8根。最下层距含水层底板应不小于1m，以利进水，最下层辐射管还应高于集水井底1.5m，以便顶管施工，为减小互阻干扰，各层应有一定间距。当辐射管直径为100～150mm时，层间间距采用1～3m，辐射管的直径和长度，视水文地质条件和施工条件而定。辐射管直径一般为75～100mm。当地层补给条件好，透水性强，施工条件许可时，宜采用大管径，辐射管长度一般在30m以内；当在无压含水层中时，迎地下水水流方向的辐射管宜长一些。为利于集水和排砂，辐射管应有一定坡度向集水井倾斜，辐射管一般采用厚壁钢管（壁厚6～9mm），以便于直接顶管施工。当采用套管施工时，亦可采用薄壁钢管、铸铁管及其非金属管。辐射管进水孔有条形孔和圆形孔两种，其孔径或缝宽应按含水层颗粒组成确定。圆孔交错排列，条形孔沿管轴方向错开排列，孔隙率一般为15%～20%。为了防止地表水沿集水井外壁下渗，除在井口外围填黏土外，最好在靠近井壁2～3m的辐射管上不穿孔眼，对于封底的辐射井，其辐射管在井内出口处应设闸阀，以便施工、维修和控制水量。

（3）辐射井管的出水量。出水量的计算问题较复杂，因为影响辐射井出水量的除了水文、地质等自然因素外，尚有辐射井本身较复杂的工艺因素，如辐射管管径、长度、根数、布置方式等。现有的辐射井计算公式较多，但都有较大的局限性。计算结果常与实际情况有很大的出入。故只能作为估算辐射井出水量时的参考。承压含水层中辐射井的出水量可按下式计算。$Q=\dfrac{2.73KmS_0}{\lg R/r_a}r_a=l\cdot 0.25^{\frac{1}{n}}$，式中，$Q$为辐射井水量（$m^3/d$）；$S_0$为集水井外壁水位降落值（m）；$K$为渗透系数（m/天）；$R$为影响半径（m）；$m$为承压含水量层厚（m）；$r_a$为等效大口井半径（m）；$l$为辐射管长度（m）；$n$为辐射管根数，此式实质上假设在同一含水层有一个半径为r_a的等效大口井，其出水量与计算的辐射井相等。

井内辐射管安装：在含水层中缺乏骨架颗粒，不可能形成天然反滤层（如在中、细砂地层）时，可采用套管顶进施工法安装，在辐射管周围进行人工填砾，将套管顶入含水层，然后在套管内安装辐射管，并利用送料小管用压力水将砾石冲填在套管与辐射管间环状空间，形成人工砾层，最后拔出套管，形成人工填砾的辐射管，从而完成了辐射管的安装。

钢管：是由金属钢制作的管道，具有较高的机械强度、管内外表面光滑、水力条件好等特点，并广泛地用于市政给排水工程中，常用的钢管主要有有缝钢管、无缝钢管、不锈钢管。

1.有缝钢管又称为焊接钢管，由易焊接的碳素钢制造，常用于冷热水和煤气的输送，又称为水煤气管。为了防止焊接钢管腐蚀，将焊接钢管内外表面加以镀锌，这种镀锌焊接钢管在施工现场习惯地称为白铁管，而未镀锌焊接钢管称为黑铁管，镀锌管分为热浸镀锌管和冷镀锌管，有缝钢管以公称通径表示，其最大的公称通径为150mm。常用的公称通径为15～100mm。有缝钢管按壁厚可分为一般管和加厚管，管口端形式分为带螺纹管和不带螺纹管。按制造工艺不同分为对焊、叠边焊、螺旋焊三种。管材长度为4～10m。低压流体输送用焊接、镀锌焊接钢管规格见表2-34。

低压流体输送用焊接、镀锌焊接钢管规格　表 2-34

公称通径		管子					螺纹				每6米加一个接头计算之钢管每米重量(kg)
mm	英寸	外径(mm)	一般管		加厚管		基面外径(mm)	每英寸丝扣数	空刀以外的长度		
			壁厚(mm)	每米理论重量(kg)	壁厚(mm)	每米理论重量(kg)			锥形螺纹(mm)	圆柱形螺纹(mm)	
8	$\frac{1}{4}$	13.5	2.25	0.62	2.75	0.73	—	—	—	—	—
10	$\frac{3}{8}$	17	2.25	0.82	2.75	0.97	—	—	—	—	—
15	$\frac{1}{2}$	21.3	2.75	1.26	3.25	1.45	20.956	14	12	14	0.01
20	$\frac{3}{4}$	26.8	2.75	1.63	3.50	2.01	26.442	14	14	16	0.02
25	1	33.5	3.25	2.42	4.00	2.91	33.250	11	15	18	0.03
32	$1\frac{1}{4}$	42.3	3.25	3.13	4.00	3.78	41.912	11	17	20	0.04
40	$1\frac{1}{2}$	48	3.50	3.84	4.25	4.58	47.805	11	19	22	0.06
50	2	60	3.50	4.88	4.50	6.16	59.616	11	22	24	0.09
65	$2\frac{1}{2}$	75.5	3.75	6.64	4.50	7.88	75.187	11	23	27	0.13
80	3	88.5	4.00	8.34	4.75	9.81	87.887	11	32	30	0.2
100	4	114	4.00	10.85	5.00	13.44	113.034	11	38	36	0.4
125	5	140	4.50	15.04	5.50	18.24	138.435	11	41	38	0.6
150	6	165	4.50	17.81	5.50	21.63	163.836	11	45	42	0.8

注：1. 轻型管壁厚比表中一般管的壁厚小 0.75mm，不带螺纹，宜于焊接。

2. 镀锌管（白铁管）比不镀锌钢管重量大 3%～6%。

一般市政给水工程上，管径超过 100mm 的给水管采用的钢管为卷焊钢管。卷焊钢管，按生产工艺不同及焊缝的形式分为直缝卷制焊接钢管和螺旋缝焊接钢管。

（1）直缝卷制焊接钢管，是钢板分块经卷板机卷制成型，再经焊接而成，属低压流体输送用管。主要用于水、煤气、低压蒸汽及其他流体，直缝焊接钢管常用规格见表 2-35。

直缝卷焊钢管规格　表 2-35

DN(mm)	外径(mm)	壁厚(mm)							
		4.5	6	7	8	9	10	12	14
		单位重量(kg/m)							
150	159	17.15	22.64						
200	219		31.51		41.63				
225	245			41.09					
250	273		39.51		52.28				
300	325		47.20		62.54				
350	377		54.89		72.80	81.6			
400	426		62.14		82.46	92.6			
450	478		69.84		92.72				
500	530		77.53			115.6			

续表

DN (mm)	外径 (mm)	壁 厚 (mm)							
		4.5	6	7	8	9	10	12	14
		单位重量 (kg/m)							
600	630		92.33			137.8	152.9		
700	720		105.6		140.5	157.8	175.8		
800	820		120.4		160.2	180.0	199.8	239.1	
900	920		135.2		179.9	202.0	224.4	268.7	
1000	1020		150.0			224.4	249.1	298.3	
1100	1120				219.4		273.7		
1200	1220				239.1		298.4	357.5	
1300	1320				258.8			387.1	
1400	1420				278.6			416.7	
1500	1520				298.3			446.3	
1600							397.1		554.5
1800							446.4		632.5

外径 D_w (mm)	壁 厚 (mm)											
	5	6	7	8	9	10	11	12	13	14	15	16
	理论重量 (kg/m)											
(630)		92.83	108.05	123.22	138.33	153.40	168.42	183.39	198.31			
660		97.27	113.23	129.13	144.99	160.80	176.56	192.27	207.93			
711		104.82	122.03	139.20	156.31	173.38	190.39	207.36	224.28			
(720)		106.15	123.59	140.97	158.31	175.60	192.84	210.02	227.16			
762			130.84	149.26	167.63	185.95	204.23	222.45	240.63	258.76		
813			139.64	159.32	178.95	198.53	218.06	237.55	256.98	276.36		
(820)			140.85	160.70	180.50	200.26	219.96	239.62	259.22	278.78	298.29	317.75
914				179.25	201.37	223.44	245.46	267.44	289.36	311.23	333.06	354.84
920				180.43	202.70	224.92	247.09	269.21	291.28	313.31	335.28	357.20
1016				199.37	224.01	248.59	273.13	297.62	322.06	346.45	370.79	395.08
(1020)				200.16	224.89	249.58	274.22	298.81	323.34	347.83	372.27	396.66
1220						298.90	328.47	357.99	387.46	416.88	446.26	475.58
1420						348.23	382.73	417.18	451.58	485.94	520.24	554.50
1620						397.55	436.98	476.37	515.70	544.99	594.23	633.41
1820						446.87	491.24	535.56	579.82	624.04	668.21	712.33
2020						496.20	545.49	594.74	643.94	693.09	742.19	791.25
2220						545.52	599.75	653.93	708.06	762.15	816.18	870.16

注：表内数字有（ ）者为标准规格；管长通常为 8～18m。

（2）螺旋缝焊接钢管与直缝卷制焊接钢管一样，也是一种大口径钢管，用于水、煤气、空气和蒸汽等，一般低压流体输送的螺旋缝焊接钢管是以热轧钢带卷作管坯，在常温下卷曲成型，采用双面自动埋弧焊或单面焊法制作，也可采用高频搭接焊。低压流体输送用螺旋缝卷焊钢管规格见表 2-36、表 2-37。

螺旋缝卷焊钢管规格（SY 500—80）　**表 2-36**

外径（mm）	壁厚（mm）				
	6	7	8	9	10
	理论重量（kg/m）				
219	32.02	37.10	42.13	47.11	—
245	35.86	41.59	47.26	52.88	—
273	40.01	46.42	52.78	59.10	—
325	47.70	55.40	63.04	70.64	—
337	55.40	64.37	73.30	82.18	91.01

注：管长通常 8～12.5m。

一般低压流体输送用螺旋缝埋弧焊接钢管（SY 5037—92）　**表 2-37**

外径 D_W（mm）	壁厚（mm）											
	5	6	7	8	9	10	11	12	13	14	15	16
	理论重量（kg/m）											
219.1	26.90	32.03	37.11	42.15	47.13							
244.5	30.03	35.79	41.50	47.16	52.77							
273.0	33.55	40.01	46.42	52.78	59.10							
323.9		47.54	55.21	62.82	70.39							
355.6		52.23	60.68	69.08	77.43							
(377)		55.40	64.37	73.30	82.18							
406.4		59.75	69.45	79.10	88.70	98.26						
(426)		62.65	72.83	82.97	93.05	103.09						
457		67.23	78.18	89.08	99.94	110.74	121.49	132.19	142.85			
508		74.78	86.99	99.15	111.25	123.31	135.52	147.29	159.20			
(529)		77.89	90.61	103.29	115.92	128.49	141.02	153.50	165.93			
559		82.33	95.79	109.21	122.57	135.89	149.16	162.38	175.55			
610		89.87	104.60	119.27	133.89	148.47	162.99	177.47	191.90			

尽管普通焊接钢管的工作压力可达 1.0MPa，实际工程中，其工作压力一般不超过 0.6MPa。加厚焊接钢管，直缝、螺旋缝卷焊钢管虽然工作压力可达 1.6MPa，但实际工程中，其工作压力一般不超过 1.0MPa。

2. 无缝钢管，是用普通碳素钢、优质碳素钢、普通低合金钢和合金结构钢制造的，按制造方法分为热轧管和冷拔管。无缝钢管规格表示为外径×壁厚。如外径为159mm，壁厚为6mm的无缝钢管表示为DN159×6。在同一外径下的无缝钢管有多种壁厚。管壁越厚，管道所承受的压力越高，冷拔管外径6～200mm，壁厚为0.25～14mm；热轧管外径32～630mm，壁厚为2.5～75mm。热轧无缝钢管的长度为3～12.5m；冷拔管的长度1.5～9m。在管道工程中，管径在57mm以内时常用冷拔管，管径超过57mm时，常选用热轧管。热轧无缝钢管的常用规格见表2-38。

热轧无缝钢管常用规格（摘自GB 8163—99）　**表2-38**

ϕ	壁　厚（mm）										
外径	3.5	4	4.5	5	5.5	6	7	8	9	10	11
mm	每米长的理论重量（kg）（设钢的密度为7.85）										
57	4.62	5.23	5.83	6.41	6.99	7.55	8.63	9.67	10.65	11.59	12.48
60	4.83	5.52	6.16	6.78	7.39	7.99	9.15	10.26	11.32	12.33	13.29
63.5	5.18	5.87	6.55	7.21	7.87	8.51	9.75	10.95	12.10	13.19	14.24
68	5.57	6.31	7.05	7.77	8.48	9.17	10.53	11.84	13.10	14.30	15.46
70	5.74	6.51	7.27	8.01	8.75	9.47	10.88	12.23	13.54	14.80	16.01
73	6.00	6.81	7.60	8.38	9.16	9.91	11.39	12.82	14.21	15.54	16.82
76	6.26	7.10	7.93	8.75	9.56	10.36	11.91	13.42	14.87	16.28	17.63
83	6.86	7.79	8.71	9.62	10.51	11.39	13.21	14.80	16.42	18.00	19.53
89	7.38	8.38	9.38	10.36	11.33	12.28	14.16	15.98	17.76	19.48	21.16
95	7.90	8.98	10.04	11.10	12.14	13.17	15.19	17.16	19.09	20.96	22.79
102	8.50	9.67	10.82	11.96	13.09	14.21	16.40	18.55	20.64	22.69	24.69
108	—	10.26	11.49	12.70	13.90	15.09	17.44	19.73	21.97	24.17	26.31
114	—	10.85	12.15	13.44	14.72	15.98	18.47	20.91	23.31	25.65	27.94
121	—	11.54	12.93	14.30	15.67	17.02	19.68	22.29	24.86	27.37	29.84
127	—	12.13	13.59	15.04	16.48	17.90	10.72	23.48	26.19	28.85	31.47
133	—	12.73	14.26	15.78	17.29	18.79	21.75	24.66	27.52	30.33	33.10
140	—	—	15.04	16.65	18.24	19.83	22.96	26.04	29.08	32.06	34.99
146	—	—	15.70	17.39	19.06	20.72	24.00	27.23	30.41	33.54	26.62
152	—	—	16.37	18.13	19.87	21.66	25.03	28.41	31.75	35.02	38.25
159	—	—	17.15	18.99	20.82	22.64	26.24	29.79	33.29	36.75	40.15
168	—	—	—	20.10	22.04	23.97	27.79	31.57	35.29	38.99	42.59
180	—	—	—	—	—	25.75	29.87	33.93	37.95	41.92	45.85
194	—	—	—	(23.31)	—	27.82	32.28	36.70	41.06	45.38	49.64
219	—	—	—	—	—	31.52	36.60	41.93	46.61	51.54	56.43
245	—	—	—	—	—	—	41.09	46.76	52.38	57.95	63.48
273	—	—	—	—	—	—	45.92	52.28	58.60	64.86	71.07
299	—	—	—	—	—	—	—	57.41	64.37	71.27	78.13
325	—	—	—	—	—	—	—	62.54	70.14	77.86	85.18
351	—	—	—	—	—	—	—	67.67	75.91	84.10	92.23
377	—	—	—	—	—	—	—	—	—	90.51	99.29
426	—	—	—	—	—	—	—	—	(92.55)	—	112.58

无缝钢管适用于工业管道工程和高层建筑循环冷却水及消防管道，通常压力在0.6MPa以上的管道应选用无缝钢管。

3. 不锈钢管，即不锈钢无缝钢管，它采用19个品种的不锈、耐酸钢制造，按制造工艺的不同，分为热轧、热挤压不锈钢管和冷拔（轧）不锈钢管，不锈钢管常用规格如下表2-39。

不锈钢管常用规格表（摘自GB 2270—80）　　**表 2-39**

外径（mm）	壁厚（mm）	理论重量（kg/m）	外径（mm）	壁厚（mm）	理论重量（kg/m）
14	3	0.82	89	4	8.45
18	3	1.12	108	4	10.03
25	3	1.64	133	4	12.81
32	3.5	2.74	159	4.5	17.30
38	3.5	3.00	194	6	27.99
45	3.5	3.60	219	6	31.99
57	3.5	4.65	245	7	41.35
76	4	7.15			

钢管具有耐高压、韧性好和耐振动、管壁薄、重量轻、管节长、接口少、加工接头方便的优点，但是钢管比铸铁管价格高、耐腐蚀性差、使用寿命较短，主要用于压力较高的输水管线，穿越铁路、河谷，对防震有特殊要求的地区及泵房内部的管线。钢管接口可采用焊接、法兰连接，小管径（$DN<100$mm）可采用螺纹连接。

焊接：在辐射井管安装中，主要是指钢管焊接。通过某种工具、方法将两根钢管连接起来，常用的方法有手工电弧焊、气焊、手工氩弧焊、埋弧自动焊、埋弧半自动焊、接触焊、气压焊等。常用的是手工电弧焊和气焊。手工氩弧焊由于成本较高，一般用于不锈钢管的焊接；埋弧自动焊、埋弧半自动焊、接触焊、气压焊等方法，由于设备较复杂，施工现场采用较少，一般在管道预制加工厂采用。电焊焊缝的强度比气焊焊缝强度高，并且比气焊经济，因此优先采用电焊焊接，只有公称通径小于80mm、壁厚小于4mm的管子才用气焊焊接。但有时因条件限制，不能采用电焊施焊的地方，也可以用气焊焊接公称通径大于80mm的管子。常用的方法具体内容见定额编号5-139～5-152焊接钢管新旧管连接释义。

顶进：顶进设备种类很多，一般采用液压千斤顶。液压千斤顶的构造形式分活塞式和柱塞式两种，其作用方式有单作用液压千斤顶及双作用液压千斤顶。顶管施工常用双作用液压千斤顶，为了减少缸体长度而又要增加行程长度，宜采用多行程或长行程千斤顶，以减少搬运顶铁时间、提高顶管速度。按千斤顶在顶管中的作用一般可分为：用于顶进管子的顶进千斤顶；用于校正管子位置的校正千斤顶；用于中继间顶管的中继千斤顶。顶进千斤顶一般采用的顶力为$2\times10^3\sim4\times10^3$kN，顶程0.5～4m，千斤顶在工作坑内的布置方式分单列、并列和环周列。顶铁是顶进过程中的施力工具，其作用是延长短行程千斤顶的行程，传递顶力并扩大管节端面的承压面积。顶铁一般由型钢焊接而成，根据安放位置和传力作用不同，顶铁可分顺铁、横铁、立铁、弧铁和圆铁，顺铁是千斤顶的顶程小于单节管子长度时，在顶进过程中陆续安放在千斤顶与管子之间传递顶力的，弧铁和圆铁是宽度为管壁厚的全圆形顶铁，包括半圆形的各种弧度的弧形顶铁以及全圆形顶铁，在辐射井管安装时可采用延长顶进技术，延长顶进技术可分为中继间顶进、泥浆套顶进和蜡覆顶进。

1. 中继间顶进：中继间是在顶进管段中间设置的接力顶进工作间，此工作间内安装中继千斤顶，担负中继间之前的管段顶进，中继间千斤顶推进前面管段后，主压千斤顶再推进中继间后面的管段，此种分段接力顶进方法，称为中继间顶进。中继间的特点是减少顶力，效果显著、操作机动，可按顶力大小自由选择，但也存在设备较复杂、加工成本高、操作不便、降低工效的不足。

2. 泥浆套顶进：指在管壁与坑壁间注入触变泥浆，形成泥浆套，可减少管壁与土壁之间的摩擦阻力，一次顶进长度可较非泥浆套顶进增加2～3倍，称此为泥浆套顶进。

(1) 触变泥浆的要求是泥浆在输送和灌注过程中具有流动性、可泵性和一定的承载力，经过的一定的固结时间，产生强度。触变泥浆主要组成是膨润土和水，膨润土是粒径小于2μm，主要矿物成分是Si－Al－Si的微晶高岭土，膨润土的相对密度为2.5～2.95，密度为$0.83\times10^3\sim1.13\times10^3$kg/m^3。对膨润土的要求为：膨润倍数一般要大于6，膨润倍数愈大，造浆率越大，制浆成本越低；要有稳定的胶介质，保证泥浆有一定的稠度，不致因重力作用而使颗粒沉淀，造浆用水除对硬度要求外，无其他特殊要求，用自来水即可。为提高泥浆的某些性能而掺入各种泥浆处理剂，常用的处理剂有：碳酸钠可提高泥浆的稠度，但泥浆对碱的敏感性很强，加入量的多少，应事先作模拟实验确定，一般为膨润土重量的2%～4%；羟甲基纤维素能提高泥浆的稳定性，防止细土粒相互吸引而凝聚，掺入量为膨润土重量的2%～3%；腐殖酸盐是一种降低泥浆黏度和静切力的外掺剂，掺入量占膨润土重量的1%～2%；铁铬木质素磺酸盐作用与腐殖酸盐相同。

(2) 在铁路或重要建筑物下顶进时，地面不允许产生沉降，需要采取自凝泥浆，自凝泥浆除具有良好的润滑性和造壁性外，固化后还应有一定强度，达到加大承载效果的性能，自凝泥浆的外掺剂主要有：氢氧化钙，氢氧化钙与膨润土中的二氧化硅起化学作用生成组成水泥主要成分的硅酸三钙，经过水化作用而固结，固结强度可达0.5～0.6MPa，氢氧化钙用量为膨润土重量的20%；工业六糖是一种缓凝剂，掺入量为膨润土重量的1%，在20℃时，可使泥浆在1～1.5个月内不致凝固；松香酸钠，泥浆内掺入1%膨润土重的松香酸钠可提高泥浆的流动性。目前自凝泥浆发展多种多样，应根据施工情况、材料来源、拌制相应的自凝泥浆，在不同的土质和施工条件下，泥浆的配合比是不同的，在不同土层条件下采用的泥浆配合比亦不同。

(3) 触变泥浆在泥浆拌制机内采取机械或压缩空气拌制，拌制均匀后的泥浆储于泥浆池，经泵加压，通过输浆管输送到前工具管的泥浆封闭环，经由封闭环上开设的注浆孔注入到坑壁与管壁间孔隙，形成泥浆套。泥浆注入压力根据输送距离而定，一般采用0.1～0.15MPa泵压，输浆管路采用$DN50\sim DN70$的钢管，每节长度与顶进管节长度相等或为顶进管长的两倍，管路采取法兰连接。输浆管前的工具管应有良好的密封，防止泥浆从管前端漏出。泥浆通过管前端和沿程的灌浆孔灌浆，灌注泥浆分为灌浆和补浆两种。为防止灌浆后泥浆自刃脚处溢入管内，一般离刃脚4～5m处设灌浆罐，由罐向管外壁间隙处灌注泥浆，要保证整个管线周壁均为泥浆层所包围，为了弥补第一个灌浆罐灌浆的不足并补充流失的泥浆量，还要在距离灌浆罐15～20m处设置第一个补浆罐，此后每隔30～40m设置补浆罐，以保证泥浆充满管外壁，为了在管外壁形成泥浆层，管前挖土直径要大于顶进管节的外径，以便灌注泥浆。泥浆套的厚度由工具管的尺寸而定，一般厚度为15～20mm。

3. 蜡覆顶进，蜡覆是用喷灯在管外壁熔蜡覆盖，蜡覆既减少管子顶进的摩擦力，又提高管表面平整度，该方法一般可减少20%的摩擦阻力，且设备简单、操作方便，但熔蜡散布不均匀，会导致新的“粗糙”，减阻效果降低。

挤压土顶管：不同于普通顶管，挤压土顶管是不用人工挖土装土，甚至顶管中不出土，使顶进、挖土、装土三道工序联成一个整体，劳动生产率显著提高的顶管顶进方法。采用挤压土顶管设备简单、操作简易、易于推广，挤压土顶管主要取决于土质，其次为覆土深度、顶进距离、施工环境。土质条件是指含水量较大的黏性土、各种软土、淤泥，由于孔隙较大又具有可塑性，覆土深度最少应保证为顶入管道直径的2.5倍，覆土过浅可能造成地面变形隆起，顶进距离不宜过长，挤压土顶管技术的应用受地面建筑物及地下埋设物的影响，一般距地下构筑物或埋设物的最小间距不小于1.5m，而且不能用于穿越重要的地面建筑物。挤压土顶管一般分为两种：出土挤压管和不出土挤压管。

1. 出土挤压顶管适用于大口径管的顶进，主要设备为带有挤压口的工具管，割土和运土工具。

(1) 工具管与机械掘进管所使用的工具管外形结构大致相同，不同者为挤压工具管内部设有挤压口，工具管切口直径大于挤压口直径，两者呈偏心布置，工具管切口中心与挤压口中心的间距ε，在偏心距增大，使被挤压土柱与管底的间距增大，便于土柱装载。合理而正确地确定挤压口的尺寸是采用出土挤压顶管的关键，挤压口的尺寸与土的物理力学性质、工具管管径以及顶进速度有关，挤压口的开口用开口率表示，其值等于挤压口断面积与工具管切口断面积的比值，挤压口的开口率η计算：$\eta=\frac{r^2}{R^2}$，r：挤压口的半径(mm)；R：工具管的切口半径(mm)，挤压口的开口率一般取50%。当管径较大(DN>2000mm)时，开口率可取50%以下，为了校正顶进位置，可在工具管内设置千斤顶，故工具管可分为三部分组成：切土渐缩部分l_1、卸土部分l_2、校正千斤顶部分l_3，工具管的机动系数R为：$R=\frac{l_1+l_2+l_3}{D}$，即$R=\frac{l}{D}$。为了校正的灵活性，应正确确定机动系数R值，l_1取决于土的压缩性和切口渐缩段斜板的机械强度；l_2取决于挤压口直径、土密度和运斗车荷重，l_3取决于校正千斤顶的长度，由此可决定工具管的尺寸。工具管一般采用10～20mm厚的钢板卷焊而成，要求工具管的椭圆度不大于3mm，挤压口的整圆度不大于1mm，挤压口中心位置的公差不大于3mm，其圆心必须落于工具管断面的纵轴线上，刃脚必须保持一定的刚度，焊接刃脚时坡口一定要用砂轮打光。

(2) 割土工具，先用R形的卡子将钢丝绳固定在挤压口的里面，沿着挤压口围成将近一圈，挤压口下端将钢丝头固定，并在刃角后面50mm的地方沿着挤压口将钢丝绳固定，每隔200mm左右夹上一个卡子，钢丝绳另一端靠两个直径100mm的定滑轮，将钢丝绳拉到卷扬机上缠好。当卷扬机卷紧钢丝绳时，钢丝绳的固定端不动，绳由上端向下将挤压在工具管内的土柱割断，此为割土工具。

(3) 运土工具，挤压成型的土柱经割断后落于特制的弧形运土斗车输送至工作坑，然后用地面起重设备将斗车吊出工作坑运走。

2. 不出土挤压顶管，大多在小口径管顶进时采用。顶管时，利用千斤顶将管子直接顶入土内，管周围的土被挤密。采用不出土挤压顶管的条件主要取决于土质，最好是天然含水量的黏性土，其次是粉土，砂砾土内则不能顶进。管材以钢管为主，也可以用铸铁管，管径一般要小于300mm，管径越小效果越好。不出土挤压顶管的主要设备是挤密土层的管尖和挤压切土的管帽，在管子最前端装上管尖，顶进时，土不能挤入管内，在管子最前端装上管帽，顶进时，管前端土被挤入管帽内，当挤进长度到4～6倍管径时，由于土与管壁间的摩擦阻力超过了挤压力，土就不再挤入管帽内，而在管前形成一个坚硬的土塞，继续顶进时以坚硬的土塞为顶尖，管子前进时土顶尖挤压前面的土，土沿管壁挤入邻近土的空隙内，使管壁周围形成密实挤压层、挤压层和原状土层三种密实度不同的土层。

钻孔：即钻凿井孔，常用的方法主要有冲击钻进和回转钻进。这两种方法用于钻凿20m以上的辐射管管井，给水工程中广泛采用；对于20m以下的浅管井，还可用挖掘法、出入法和水冲法等。

1. 冲击钻进主要依靠钻头对地层冲击作用钻凿井孔。古代人们利用竹弓弹力、硬木桩和铁帽钻头开钻井孔，现代冲击钻井是冲击式钻机来完成。常用的钻机型号较多，性能各异，如CZ-20型钻机，其最大开孔直径为700mm，最大凿井深度为150m；CZ-30型钻机最大开孔直径为1200mm，最大凿井深度可达300m。凿井施工前必须根据地层情况、管井孔径、深度以及施工地点的运输和动力条件选好钻机型号。在钻井过程中，为保持较高进尺速度，应根据地层岩性确定冲击频率和落距。此外，还须及时用抽筒取出碎岩石和泥砂。为保持井孔的稳定，可采用泥浆护壁法、套管护壁法或清水水压护壁法，每当钻进一定深度，须及时停钻，下抽筒取碎岩屑，因此冲击钻进是不连续的，钻进效率较低、进尺速度较慢，但冲击法机具设备简单、轻便，仍是供水水井施工中广泛采用的一种方法。

2. 回转钻井主要依靠钻头旋转对地层的切削、挤压、研磨破碎作用，钻凿井孔。根据泥浆流动的方向或钻头型式，又可分为一般回转（正循环）钻进、反循环钻进和岩心回转钻。

(1) 一般回转（正循环）钻进。机具装置：伸进井孔为空腹的钻杆，钻杆下端连接钻头，上端连接提引水龙头，钻杆的上部分为一节长度约7m的空腹方形钻杆，此杆穿过钻机的方孔转盘，当方孔转盘旋转时，即能带动方形钻杆、钻头一起旋转，钻杆的下部分为空腹的圆形钻杆，随着钻井加深，可用接箍接长圆形钻杆，提引水龙头用滑轮悬吊于钻井架，并通过钢丝绳接钻机的绞车，以便钻杆上下升降，提引水龙头有轴承装置，能保证钻杆随转盘自由转动，与提引水龙头连接的还有胶管、泥浆泵。钻进过程：钻机的动力机通过传动装置使方孔转盘旋转，旋转的转盘带动钻杆旋转，从而使钻头切削地层，当钻进一定深度后，即提起钻杆并接长一段圆形钻杆，然后继续钻进，如此重复上述过程，直至设计井深。在钻进的同时，为清除孔内岩屑，保持井孔稳定及冷却钻头，在泥浆池内调制一定浓度的泥浆，由泥浆泵吸取，通过胶管，经提引水龙头，沿钻杆腹腔向下从钻头喷射至工作面上，泥浆与岩屑混和在一起，沿井孔与钻杆环状空间上升至地面流入泥浆池，泥浆在池内沉淀，除去岩屑后，又被泥浆泵送至井下，这是泥浆循环方式的钻进和正循环回转钻进。

(2) 反循环回转钻进。在正循环回转钻进中，往往由于井壁裂缝和坍塌，发生循环泥浆漏失或井壁与钻杆环状空间扩大，使泥浆上升流速降低，影响岩屑排出，降低进尺速度，而反循环回转钻进是克服上述问题的一种方法。原理是：泥浆泵的吸水胶管与提引水龙头相接，泥浆循环方向与正循环相反，工作面上的岩屑与泥浆由钻头吸入，在钻杆腹腔内上升，回流入泥浆池内，在泥浆池内经沉淀去除岩屑后的泥浆，沿井壁与钻杆的环状空间下流至井底。挟带岩屑的泥浆沿钻杆内上升流速不变，能保证岩屑的清除，进尺速度较正循环高，但反循环泥浆回流仅依靠吸泥泵的真空作用，因此钻进深度有限，一般只达100m左右。

(3) 岩心回转钻进。设备与工作情况和一般回转钻进基本相同，只是所用的是岩心钻头，岩心钻头只将沿井壁的岩石粉碎，保留中间部分，因此效率较高，并能将岩心取到地面供考察地层构造用，岩心回转法适用于钻凿坚硬的岩层。

三、钢筋混凝土渗渠管制作安装

工作内容：混凝土搅拌、浇捣、养护、渗渠安装、连接找平。

定额编号　5-438～5-441　钢筋混凝土渗渠管制作安装　P92

[应用释义]　渗渠：用于开采地下水的一种取水构筑物。渗渠的管径为0.45～1.5m，常用为0.6～1.0m；埋深为10m以内，常用为4～7m。地下水埋藏较浅，一般在2m以内，含水层厚度较薄，一般约为1～6m，补给条件良好、渗透性较好，适用于中砂、粗砂、砾石或卵石层，出水量一般为15～30m^3/(天·m)，最大为50～100m^3/(天·m)。

渗渠即水平铺设在含水层中的集水管（渠）。

1. 渗渠的形式：渗渠可用于集取浅层地下水，也可铺设在河流、水库等地表水体之下或旁边，集取河床地下水或地表渗透水，由于集水管是水平铺设的也称水平式取水构筑物。渗渠通常只适用于开采埋藏深度小于2m、厚度小于6m的含水层。我国东北、西北的一些山区及山前区的河流，其径流变化很大，枯水期甚至有断流情况，河床稳定性差，冬季冰情严重，故地表取水构筑物不能全年取水，但是此类河流河床多覆有颗粒较粗、厚度不大的冲积层，蕴藏着所谓河床地下水，渗渠正是开采此类地下水的最适宜的取水构筑物。河床潜流水直接由河流渗入，基本上属于河流水，但这种在河床砾砂层中沿河流方向缓慢流动的潜流水又常受相接于河岸的地下水所补给，故这种经地层渗滤又与地下水混和的潜流水兼有地表水和地下水水质的特点，如浊度、色度、细菌数等均较河水为低，而硬度、矿化度则较河水为高。采用渗渠集取河床潜流水作生活饮用水源，还可能简化净化工艺，降低水处理费用。

2. 渗渠位置的选择和布置方式。

(1) 位置选择，不仅考虑水文地质条件，还要考虑河流水文条件。一般原则有：①渗渠应选择在河床冲积层较厚、颗粒较粗的河段，并应避开不透水的夹层（如淤泥夹层之类）。②渗渠应选择在河流水力条件良好的河段避免设在有壅水的河段和弯曲河段的凸岸。③渗渠应设在河床稳定的河岸。

(2) 渗渠的布置方式应根据补给状况、河段地形、水文及施工条件等考虑。一般有以下几种情况：①平行于河流布置，当河床潜流水和岸边地下水均较充沛，且河床稳定，可采用平行于河流沿河滩布置的渗渠集取河床潜流水和岸边地下水。采用此方式布置的渗渠，在枯水期时可获得地下水的补给，故有可能使渗渠全年产水量均衡，并且施工和检修均较方便。②垂直于河流布置，当岸边地下水补给较差，河流枯水期流量很小，河流主流摆动不定，河床冲积层较薄，可采用此种布置方式，以最大限度地截取潜流水。此种布置方式施工、检修均较困难，水质受河流水位水质影响，变化较大、易于淤塞。③平行和垂直组合布置，平行和垂直组合布置的渗渠能充分截取潜流水和岸边地下水，产水量较稳定，对截取地下水的渗渠，应尽量使渗渠垂直于地下水流方向布置。

渗渠的基本组成部分有水平集水管、集水井、检查井和泵站。集水管一般为穿孔钢筋混凝土管。水量较小时，可用穿孔混凝土管、陶土管、铸铁管，也有带缝隙的干砌块石或装配式钢筋混凝土暗渠。钢筋混凝土集水管内径一般在600～1000mm左右，所需管径应根据水力计算确定，管上进水孔有圆孔和条孔两种。圆孔直径为20～30mm，条孔宽度为20mm，长度60～100mm左右。孔眼内大外小，交错排列在管渠的上部1/2～2/3圆周的部分，孔眼净距按结构强度要求考虑，一般其孔隙率不应超过15%。在集水管之外铺设人工反滤层，钢筋混凝土渗渠管反滤层铺设在河滩下和河床下。反滤层的层数、厚度和滤料粒径计算和大口井井底反滤层相同，最内层填料粒径应比进水孔略大，各层厚度可取200～300mm，渗渠的渗流允许速度可参照管井的渗流允许流速。为了便于检修、清理，集水管直线段每隔50～130m处、端部、转角处、断面变换外应安装检查井，洪水期能被淹没的检查井井盖应密封，用螺栓固定，防止洪水冲开井盖涌入泥沙，淤塞渗渠管。

钢筋混凝土：是由钢筋和混凝土两种物理力学性能不相同的材料组成，混凝土的抗压能力较强，抗拉能力却很低，而钢筋的抗拉能力则很强。

1. 钢筋：力学性能主要取决于它的化学成分，其主要成分是铁元素，此外还含有少量的碳、锰、硅、磷、硫等元素，增加含碳量可提高钢材的强度，但塑性和可焊性降低。根据钢材中含碳量的多少，通常可分为低碳钢（含碳量少于0.25%）和高碳量（含碳量在0.6%～1.4%范围内）。锰、硅可提高钢材强度并保持一定的塑性，磷、硫是有害元素，其含量超过一定限度时，钢材塑性明显降低，磷使钢材变冷脆，硫使钢材变热脆，且焊接质量也不易保证。常用的钢筋有热轧钢筋、冷拉钢筋、热处理钢筋，其中热轧钢筋和冷拉钢筋属于有明显物理流限的钢筋；热处理钢筋属于无明显物理流限的钢筋。

(1) 热轧钢筋：按其强度由低到高分为HPB235，HRB335；HRB400以及RRB400四种，每一种又包括一种或几种化学成分不同的钢号，其中HPB235钢筋（Q235钢）为低碳钢；HRB335，HRB400，RRB400钢筋均为低合金钢，HPB235钢筋的外形为光面圆钢筋称为光圆钢筋；其余3级均在表面上轧有肋纹，称为变形钢筋。过去通用的肋纹有螺纹和人字纹，近年来为了改进生产工艺并改善使用性能，HRB335钢筋的肋纹形式已逐步向月牙纹过渡。

(2) 冷拉钢筋是通过对各个等级的热轧钢筋进行冷拉加工而成，通过冷拉可提高钢筋的屈服强度，冷拉加工是把明显物理流限的钢筋在常温下拉伸到超过其屈服强度的某一应力值。

(3) 热处理钢筋：是一种理想的预应力钢筋，它是由强度相当于Ⅳ级钢筋的一些特定钢号的热轧钢筋，经过淬火和回火处理而制成的。热处理是对某些特定钢号的热轧钢筋进行淬火和回火处理，钢筋经淬火后，硬度大幅度提高，但塑性和韧性降低，通过回火又可以在不降低强度的前提下，消除由淬火产生的内应力，改善塑性和韧性，使这些钢筋成为较理想的预应力钢筋。①淬火是将钢加热到一定温度，经保温后，放入水或油中快速冷却的热处理方法，目的是提高钢的耐磨性和硬度。②回火是将淬火后的钢重新加热到某一温度，经保温后，放入空气或油中冷却的热处理方法，目的是消除淬火钢的内应力、降低脆性、提高其塑性和韧性、获得所需要的机械性能、回火按温度范围分为低温回火（150～250℃）、中温回火（300～350℃）、高温回火（500～650℃）三种。生产中常把淬火后再经高温回火称为调质，调质后的钢能获得较好的综合机械性能，故调质被广泛用于中碳钢、合金调质钢生产的重要机械零件的热处理。

2. 混凝土：普通混凝土（表观密度在 $24kN/m^3$ 左右）的组成材料为水泥粗骨料（石子）、细骨料（砂子）和水，一般在普通气候环境中的混凝土应优先采用普通硅酸盐水泥，也可采用矿渣硅酸盐水泥、火山灰质硅酸盐水泥和粉煤灰硅酸盐水泥。水泥强度等级一般选用为混凝土强度等级的 1.5～2.0 倍。常用的粗骨料（粒径在 5mm 以上）有卵石（砾石）和碎石，卵石有河卵石、海卵石及山卵石等，碎石是由各种硬质岩石轧碎而成。细骨料（粒径在 0.15～5mm 之间）一般采用天然砂，有河砂、海砂、山砂。所采用的骨料必须质地致密，具有足够的强度，并要求清洁不含杂质。混凝土拌合用水可采用普通生活用水或清洁的井水和河水，不允许采用富有有机杂质的沼泽水，含有腐殖酸或其他酸、盐的污水和工业废水。应根据对混凝土强度、稠度和密实度要求的不同，确定各组成材料之间的配合比例。

混凝土搅拌：是按配合比把水泥、砂、石子、水放在搅拌机中搅拌形成混凝土拌合物。搅拌工具种类较多，其作用是制备均匀的质量符合要求的混凝土。按搅拌原理可分为自落式和强制式两大类，具体分为如下几种：自落式分鼓筒式（已淘汰）、锥形反转出料式、锥形倾翻出料式，强制式又分为涡桨式、单卧轴式、双卧轴式、行星式。自落式搅拌机是利用旋转着的搅拌筒上的叶片对物料进行分割提升，洒落和冲击作用，反复地对物料进行搅拌，优点是结构简单、运行可靠、维修方便、功率消耗少，易损件少，缺点是搅拌作用不够强烈，效率低，只适合于一般骨料的塑性混凝土。强制式搅拌机是靠旋转的叶片对物料产生剪切、挤压、翻转和抛出等的组合作用进行拌合，优点是搅拌强烈、均匀、生产率高，特别适合于硬性混凝土和轻质骨料混凝土的拌合，缺点是构造复杂、搅拌工作部件磨损快、功率消耗大，不适宜搅拌含有大骨料的混凝土。混凝土搅拌机的型号由机型代号和主要参数组合而成，锥形反转出料式搅拌机代号为 JZ、锥形倾翻出料式代号为 JF、单卧轴强制式代号为 JD、双卧轴强制式代号为 JS、立轴涡浆强制式代号为 JQ。我国规定搅拌机搅拌筒的出料容量 V 为额定容量，并以出料容量作为混凝土搅拌机的标定规格，常用额定容量有 150L、250L、350L、500L、750L、1000L、1500L 等。

混凝土养护：见定额编号 5-418～5-420 消火栓井释义。

汽车式起重机：见定额编号 5-1～5-15 承插铸铁管安装（青铅接口）释义。

钢筋混凝土渗渠管：是指渗渠管道由钢筋混凝土制成的，管径为 0.45～1.5m，常用的是 0.6～1.0m；一般的出水量为 $15 \sim 30m^3$/（天·m），最大为 $50 \sim 100m^3$/（天·m），制作工艺复杂、自重大、质地脆。

渗渠管安装：在安装井管之前，应根据从钻凿井孔时取得的地层资料对管井构造设计进行核对修正，如过滤器的长度和位置等。安装应在井孔凿成后及时进行，尤其是非套管施工的井孔，以防井孔坍塌。井管安装必须保证质量，如井管偏斜和弯曲都将影响填砾质量和抽水设备的安装及正常运行。井管安装除了一般的吊装下管法以外，还有适用于长度大、重量大的渗渠管安装的浮板下管法和适用于不能承受拉力的非金属渗渠管安装的托盘下管法。

1. 浮板下管法是利用在渗渠管中设置的密闭隔板（浮板），使在渗渠管下沉时产生浮力，从而减轻吊装设备的负荷和渗渠管自重产生的拉力，浮板在渗渠管安装完成后用钻杆凿通即可。

2. 托盘下管法是利用混凝土或坚韧木材制成的托盘来托持全部的渗渠管，借助起重钢丝绳放入井孔内，当托盘放至井底后，提升中心钢丝绳，抽出销钉，即可收回起重钢丝绳、托盘，下管工作即告完成。

四、渗渠滤料填充

工作内容：筛选滤料、填充、整平。

定额编号　5-442～5-444　渗渠滤料填充　P93

[应用释义]　渗渠滤料：与过滤滤料相同，一般是指以石英砂等粒状物质组成的。

1. 滤料要满足下列要求：具有足够的机械强度，以防冲洗时滤料产生严重磨损和破碎现象；具有足够的化学稳定性，以免滤料与水产生化学反应而恶化水质，尤其不能含有对人体健康和生产有害的物质；具有一定的颗粒级配和适当的孔隙率；滤料应尽量就地取材，货源充足、价廉，如石英砂是使用最广泛的滤料。在双层和多层滤料中，常用的还有无烟煤、石榴石、钛铁矿、磁铁矿、金钢砂等；在轻质滤料中，也有用聚苯乙烯球粒、聚氯乙烯球粒等。

2. 滤料的形状，滤料颗粒形状影响滤层中水头损失和滤层孔隙率，迄今还没有一种满意的方法可以确定不规则形状颗粒的实际表面积以及有关的形状系数。各种方法只能反映颗粒的大致形状，这里仅介绍颗粒球度系数。球度系数 Φ 定义为：Φ＝同体积球体表面积（S）/颗粒实际表面积（S'），即 $\Phi=S/S'$。下面为几种不同形状颗粒的球度系数，滤料颗粒球度系数及孔隙率见表 2-40。

滤料颗粒球度系数及孔隙率　　**表 2-40**

序号	形状描述	球度系数 Φ	孔隙率 m
1	圆球形	1.0	0.38
2	圆形	0.98	0.38
3	已磨蚀的	0.94	0.19
4	带锐角的	0.81	0.40
5	有角的	0.78	0.43

根据实际测定滤料形状对过滤和反冲洗水力学特性的影响得出天然砂滤料的球度系数，一般宜采用 0.75～0.80。

筛选滤料：在渗渠滤料填充中，需要对滤料进行筛选，因此，要先进行滤料级配或双层滤料（多层）级配。

1. 滤料级配是指滤料中各种粒径的颗粒所占的重量比例，具有适当的滤料级配，才能取得良好的过滤效果。滤料粒径是指把滤料颗粒包围在内的一个假想的球体直径。

2. 双层或多层滤料级配，指在选择双层或多层滤料级配时，如何预示不同种类滤料的相互混杂程度，及滤料混杂对过滤有何影响。

（1）以煤—砂双层滤料为例，铺设滤料时，粒径小、重度大的砂粒位于滤层下部；粒径大、重度小的煤粒位于滤层上部，但在反冲洗以后，就可能出现三种情况：一是分层正常即上层为煤，下层为砂；二是煤砂相互混杂，可能部分（在煤—砂交界面上），也可能完全混杂；三是煤、砂分层颠倒，即上层为砂，下层为煤。三种情况的出现，主要决定于煤、砂的重度差、粒径差及煤和砂的粒径级配、滤料形状、水温及反冲洗强度等因素。我国常用的滤料级配见表 2-41。

滤料级配及滤速　**表 2-41**

类别	滤料组成		滤速（m/h）	强制滤速（m/h）
	粒径（mm）	厚度（mm）		
单层石英砂滤粒	$d_{max}=1.2$ $d_{min}=0.5$	700	8～12	10～14
双层滤料	无烟煤 $d_{max}=1.8$　$d_{min}=0.8$	300～400	12～16	14～18
	石英砂 $d_{max}=1.2$　$d_{min}=0.5$	400	12～16	14～18
三层滤料	无烟煤 $d_{max}=1.6$　$d_{min}=0.8$	450	18～20	20～25
	石英砂 $d_{max}=0.8$　$d_{min}=0.5$	230	18～20	20～25
	重质矿石 $d_{max}=0.5$　$d_{min}=0.25$	70	18～20	20～25

注：滤料比重一般为：石英砂 2.65；无烟煤 1.40～1.60；重质矿石 4.2～4.8。

在煤—砂交界面上，粒径之比为 1.8/0.5＝3.6，而在水中的重度之比为（2.65－1）/（1.4－1）＝4 或（2.65－1）/（1.6－1）＝2.8。这样的粒径级配，在反冲洗强度为 13～16L/（s・m^2）时，不会产生严重混杂现象，但必须指出，根据经验所确定的粒径和重度之比，并不能在任何水温或反冲洗强度下都能保持分层正常。

（2）滤料混杂对过滤影响有两种观点，一种意见认为，煤—砂交界面上适度混杂，可避免交界面上积聚过多杂质而使水头损失增加较快，故适度混杂是有益的；另一种认为煤—砂交界面不应有混杂现象，因为煤层起截留大量杂质作用，砂层则起精滤作用，而界面分层清晰，起始水头损失将较小，多层滤料混杂对过滤效果的影响，要尽量避免滤料混杂或者相邻两层界面处可容许少量混杂。另一种情况是不仅在相邻两层界面处容许混杂，甚至三种滤料可在整个滤层内适度混杂，即在滤层的任一水平面上都有煤、砂和重质矿石三种滤料存在，上层以煤粒为主，中层以砂为主，下层以重质矿石为主，平均滤料粒径仍由上而下逐渐减小，否则，就完全失去混合滤料的优越性。这种滤层的优点是，滤层孔隙尺寸自上而下是均匀递减的，不存在界限分明的分界面，这种滤料既增加滤层含污能力且滤后水质较好，又可减缓水头损失增长速度，但起始水头损失较大。

3. 滤料筛选，通常用一套不同孔径的筛子对滤料进行筛分以选取滤料。生产上常用的方法是用孔径分别为 1.2mm 和 0.5mm 两种规格的筛子过筛，所得滤料粒径便在 0.5～1.2mm 范围内。这样筛选，虽然简单，但不能反映滤料颗粒的均匀程度，故通常以有效粒径 d_{10} 和不均匀系数 K_{80} 作为滤料级配指标，d_{10} 表示通过滤料重量 10％的筛孔孔径，它反映滤料中细颗粒的尺寸；$K_{80}=d_{80}/d_{10}$，其中 d_{80} 指通过滤料重量 80％的筛孔孔径，它反映粗颗粒尺寸，K_{80} 愈大，表示粗细颗粒尺寸相差愈大，滤料粒径愈不均匀，这对过滤和冲洗都很不利。

渗渠滤料填充：根据滤料的选择，对渗渠管道进行填充，采用不均匀粒径的滤料。不同的滤料相互混杂状态，分层填充，因上层滤料截留物较多，宜尽量满足上层滤料膨胀度的要求即保持膨胀度不宜过大的滤料，下层粒径最大的滤料，必须达到最小流态化程度，即刚刚开始膨胀，获得较好的冲洗结果，根据施工及市政给水要求填充。

渗渠滤料整平：指经过滤料筛选、填充后，进行滤料整平，一般滤料填充为分层填充，每一层滤料都有一定的厚度，故需要整平，以利更好的冲洗、过滤，达到渗渠管滤料市政给水要求。滤料填充以 $10m^3$ 为计量单位，滤料的粒径分为 5mm，15mm，30mm 以下 3 个子目，整平即要根据填充来工作。

碎石：指由天然岩石或卵石经破碎、筛分而得到的，粒径大于 5mm 的颗粒，碎石具有棱角，表面粗糙。

滤料粒径：是指把滤料颗粒包围在内的一个假想的球体直径，粒径的大小由筛选法进行测定。

整平：是指在滤料筛选、级配、填充后，紧接着的一道工序，将滤料较均匀地分布在滤料层上，即所谓整平，过程较简单，但作用较大，过滤工作将完成得更好，而未整平的滤料不仅不能较好地过滤而且还浪费材料。

第二分部　全国统一市政工程预算定额交底资料

第一章　1988年版定额交底资料

1. 镀锌钢管安装施工工序和施工方法如何取定？

答：施工工序和施工方法取定见表2-42。

表2-42

序号	施工工序	施工方法
1	场内搬运	人力
2	外观检查	人力
3	切管、套丝	人工、手锯、切断机
4	管道和管件安装	人力

2. 镀锌钢管安装每10m含口量如何取定？

答：每10m含口量的取定见表2-43。

表2-43

项目	单位	DN15	DN20～32	DN40	DN50	DN65	DN80	DN100	DN125	DN150
三通	个			0.20	0.18	0.14	0.14	0.14	0.14	0.14
弯头管箍	个	1.92	1.92	1.65	1.65	1.60	1.55	1.46	1.40	1.30
补心	个	0.02	0.02	0.02	0.02	0.02	0.03	0.03	0.05	0.06

3. 钢管切断方法如何取定？

答：DN40以下采用手工操作；DN50以上采用管子切断机；DN100以上采用普通车床配合。在计算DN500以上的人工耗量时，其人工与机械的配备比例按手工操作的1/3取定。

4. 镀锌钢管安装中机械使用量如何取定？

答：机械使用量的取定，采用人工估算和理论计算相结合。每10m定额取定见表2-44。

单位：台班　　**表2-44**

项　目	DN50	DN65	DN80	DN100	DN125	DN150
管子切断机	0.02	0.03	0.03	0.04	0.05	0.06
普通车床				0.02	0.04	0.05

5. 镀锌管安装的人工包括哪些内容？

答：镀锌管安装的人工包括管道排运、铺设及管件安装。

6. 承插式铸铁管安装的施工工序和方法如何取定？

答：施工工序和方法取定见表2-45。

表2-45

施工工序	施工方法
场内水平运输	*DN*250以内用人工、手推车，*DN*300以上用汽车吊，汽车配合
管材清理检查	人工除沥青
切管	人工
管道安装	*DN*250以内用人工，*DN*300以上用汽车吊
接口	手锤打口，人工配制材料
养护	人工
水压试验	电动水压泵

7. 承插式铸铁管安装每10m含口量如何取定？

答：每10m含口量的取定见表2-46。

表2-46

公称直径	青铅接口	石棉水泥接口	膨胀水泥接口
*DN*250以内	2.0	2.5	2.5
*DN*300以上	2.0	2.0	2.0

8. 铸铁管接口的材料消耗量如何取定？

答：铸铁管接口的材料消耗量取定见表2-47。

表2-47

公称直径（mm）	青铅接口		石棉水泥接口				膨胀水泥接口
	青铅（kg）	油麻（kg）	水泥（kg）	氧气（m^3）	电石（kg）	油麻（kg）	膨胀水泥（kg）
75	2.24	0.11	0.36	0.02	0.07	0.08	0.53
100	2.83	0.14	0.46	0.03	0.09	0.10	0.70
150	4.11	0.20	0.64	0.04	0.12	0.14	0.99
200	5.36	0.25	0.83	0.06	0.22	0.18	1.28
250	7.56	0.37	1.22	0.08	0.26	0.24	1.82
300	8.93	0.43	1.76	0.12	0.60	0.36	2.68
350	10.96	0.53	2.16	0.20	0.65	0.44	3.29
400	12.23	0.60	2.46	0.23	0.76	0.49	3.71
450	13.20	0.70	2.87	0.26	0.85	0.58	4.37

续表

公称直径 (mm)	青铅接口		石棉水泥接口				膨胀水泥接口
	青铅（kg）	油麻（kg）	水泥（kg）	氧气（m^3）	电石（kg）	油麻（kg）	膨胀水泥（kg）
500	14.48	0.84	3.74	0.29	0.95	0.70	5.30
600	17.98	1.05	4.25	0.35	1.15	0.87	6.41
700	21.71	1.29	5.21	0.41	1.34	1.08	7.90
800	26.70	1.52	6.17	0.45	1.46	1.29	9.28
900	29.92	1.72	6.96	0.50	1.66	1.47	10.52
1000	37.25	2.15	8.72	0.56	1.85	1.80	13.20
1200	44.70	2.58	11.26	0.61	2.03	2.31	18.56

注：1. 青铅接口用量参照《燃气工程》。

2. 膨胀水泥接口氧气、电石、油麻用料类同石棉接口。

9. 承插式铸铁管安装中施工机械的配备和使用如何取定？

答：（1）简便机械，只用汽车式起重机和载重汽车，其他机械全部合并为其他机械费。

（2）在取定台班量时，用两种方法处理，以台班产量计算的乘以机械幅度差系数，以小组产量计算的不乘以机械幅度差，每10m机械台班消耗量见表2-48。

表2-48

公称直径 (mm)	汽车式起重机5t	汽车式起重机8t	汽车式起重机16t	载重汽车4t
300	0.06			0.04
350	0.07			0.04
400	0.08			0.04
450	0.09			0.04
500	0.10			0.04
600		0.12		0.05
700		0.15		0.05
800		0.16		0.06
900		0.17		0.06
1000			0.15	0.09
1200			0.17	0.09

注：表内数字均是台班总消耗量。

10. 铸铁管安装人工消耗包括哪些内容？

答：铸铁管安装人工消耗包括人工排运管、铺设、接口和管口处理。

11. 钢板卷管安装的有关内容如何取定？

答：（1）施工工序和施工方法的取定见表2-49。

表 2-49

序号	施工工序	施工方法
1	场内水平搬运	$DN\leqslant250$ 人工、手推车 $DN\geqslant300$ 汽车、汽车吊配备
2	外观检查及清扫	人 工
3	铲涂管口沥青	人工氧炔铲涂
4	切断	$DN\leqslant250$ 人工剁管 $DN\geqslant300$ 割管机、电焊切割
5	管道安装	$DN\leqslant250$ 人 工 $DN\geqslant300$ 汽车吊（人工配合）
6	管件安装	$DN\leqslant250$ 人 工 $DN\geqslant300$ 汽车吊（人工配合）
7	接口	人 工
8	水压试验	电动泵

（2）钢管管壁厚度和接口含量取定见表 2-50。

表 2-50

管外径（mm 以内）	325	720	920	1620	3020
管壁厚度（mm）	6	8	9	12	14
管外径（mm）	≤2020		≥2220		
管节长度（m）	5		3.6		

（3）施工机械的配备和使用量的取定见表 2-51。

单位：10m 表 2-51

公称直径 (mm)	汽车式起重机 5t	汽车式起重机 8t	汽车式起重机 16t	汽车式起重机 20t	载重汽车 4t	载重汽车 8t
219						
273						
325	0.08				0.03	
377	0.08				0.04	
426	0.10				0.05	
478	0.10				0.05	
529	0.10				0.05	
630		0.15			0.05	
720		0.15			0.05	
820		0.15			0.06	

续表

公称直径 (mm)	汽车式起重机 5t	汽车式起重机 8t	汽车式起重机 16t	汽车式起重机 20t	载重汽车 4t	载重汽车 8t
920		0.25			0.07	
1020		0.27			0.08	
1220		0.27			0.09	
1420		0.35			0.11	
1620			0.50			0.13
1820			0.50			0.15
2020			0.70			0.17
2420			0.85			0.20
2620				1.00		0.25
3020				1.30		0.25

注：表内数均是台班总消耗量。

（4）钢管安装人工消耗包括管材排运、铺设、电焊接口和管口坡口，接口数量 *DN*2020 以内按 2 个口计算，*DN*2220 以上按 2.85 个口计算，切坡口按 2 个口计算。

12. 预应力混凝土管安装的有关内容如何取定？

答：（1）工艺取定。预应力管安装工艺类同铸铁管安装，关键是接口处理方法不同，定额考虑的方法是吊车下管，接口时，用卷扬机拉住，不让橡胶圈滑出口。

（2）定额单位 10m 按 2 个口取定，每节管段有效长度按 5m 取定。

（3）机械台班量的取定见表 2-52。

单位：10m　**表 2-52**

公称直径 (mm)	汽车式起重机 5t	汽车式起重机 8t	汽车式起重机 16t	载重汽车 4t	载重汽车 8t
300	0.10			0.03	
400	0.13			0.04	
500	0.14			0.05	
600		0.16		0.05	
700		0.20		0.05	
800		0.22		0.06	
900		0.25		0.06	
1000		0.28			0.09
1200		0.38			0.09

（4）预应力混凝土管安装人工消耗包括人工排运管、铺设、柔性接口和管口处理等内容。

13. 管道试压和冲洗消毒如何取定？

答：管道安装完毕，需要总体试压和管道消毒。管道试压不论材质，全部采用水压试验。水压试验的工作内容包括准备材料工具、装拆打压设备、制堵盲板、灌水加压、排水疏通，操作方法等采用电动试压泵。在编制定额时，每100m单位考虑打压设备安拆按1/5次计算，排水按1次计算。但本定额不包括打压设备的折旧费，该费用可按各省、自治区、直辖市规定执行。冲洗消毒的主要工作内容是溶解漂白粉、灌水冲洗消毒，冲水量的计算按新建管容积的5倍计算，如水质化验达不到饮用水标准，可按各省、自治区、直辖市规定执行。

14. 钢制配件的工序如何取定？

答：钢配件的工序取定见表2-53。

单位：10m　　**表2-53**

序　号	施工工序	施工方法
1	场内搬运	ϕ<478人工，ϕ>529汽车起重机
2	放样	人　工
3	切口、坡口	人工、气焊机
4	组装	ϕ<478人工，ϕ>529人工、汽车吊配合
5	焊　接	人工、电焊机

15. 钢制配件的制作图样如何取定？

答：钢制配件的制作图样依据《全国给排水标准图集》S_3。编制时以“个”为单位，材料消耗量经与全国统一安装工程预算定额平衡后取定为：虾米弯制作损耗系数7%，三通管制作及损耗系数8%，异径管制作及损耗系数12%。

16. 给水管道钢管件机械配备和使用量如何取定？

答：机械配备和使用量的取定。ϕ275以内用人工，ϕ529以上用人工、汽车吊配合，电焊机的配合和钢管直管考虑一样，电焊人工：电焊机台班为1∶0.74，电焊机台班：气焊机台班为1∶0.3左右。

17. 各种钢管件焊口、切口、坡口含量如何取定？

答：各种钢管件焊口、切口、坡口含量见表2-54。

单位：个　　**表2-54**

公称直径（mm）	虾米弯（每个含量）			三通制作（每个含量）		
	焊口	切口	坡口	焊口	切口	坡口
ϕ426	3	4	8	1.2	3	5
ϕ1200	4	5	10	1.2	3	5
ϕ2600	4	4.5	9	1.2	2.4	3.6

18. 新建给水管道内防腐衬水泥砂浆，主要采用什么方法？

答：（1）管道埋设前在地面上进行离心涂料，称地面离心法。

（2）管道埋设地下后，无论新管或旧管，用机械进入管道喷射，称地下喷涂法。

19. 地下喷涂工艺（适用城市给水管道）如何取定？

答：工序：刮管，出垢，冲洗→排水→喷涂（适用旧管）；铺设管材、冲洗管壁→喷涂（适用新管）。

主要机械：刮管机，冲洗机，喷涂机。

配方：普通硅酸盐水泥，40号～70号工业用砂（粒径为0.21～0.41mm，含泥量为0）。

20. 钢管内防腐中有关配比如何取定？稠度控制如何取定？

答：砂浆配比中水泥∶砂为1∶1.5；水灰配比中水泥∶水为1∶0.47；稠度控制：坍落度7～8cm。

21. 水泥砂浆衬里质量标准如何取定？

答：水泥砂浆衬里质量标准见表2-55。

表 2-55

公称直径（mm）	管材	涂衬厚度（mm）	最少极限（mm）
DN75～350	铸铁管	4±1.5	2.5
DN400～700	铸铁、钢管	5±2	3
DN800～1200	铸铁、钢管	6±2	4
DN1400～2000	铸铁、钢管	8±2	6
DN2200～3500	钢　管	10±2	8

水泥砂浆的灰砂比（重量比）为1∶1.5。

22. 水泥砂浆每立方米如何取定？水泥用量计算公式表达式是什么？

答：水泥砂浆每立方米取定为：水泥32.5级800kg；砂：1200kg。水泥用量计算公式：

$$Q_c = \frac{1000\ (f_{m,0} - \beta)}{\alpha \cdot f_{ce}}$$

式中　Q_c——每立方米砂浆的水泥用量（kg/m^3）；

$f_{m,0}$——砂浆的试配强度，MPa；

f_{ce}——水泥的实测强度，精确至0.1MPa；

α、β——砂浆的特征系数，其中$\alpha=3.03$，$\beta=-15.09$。

23. 地下管道刮管、冲洗、内涂料劳动定额，已综合考虑人工幅度差15%和超运距用工，其具体情况应如何取定？

答：其具体情况的取定见表2-56。

表 2-56

公称直径（mm）	单位	刮管	冲洗	内涂	其他	合计
DN700～800	工日	5.6	4.0	4.2	2.0	15.80
DN900	工日	5.0	3.5	3.6	2.0	14.10
DN1000	工日	5.0	2.5	3.3	2.0	12.80
DN1200	工日	4.5	2.5	3.3	2.0	12.30

续表

公称直径（mm）	单位	刮管	冲洗	内涂	其他	合计
*DN*1400	工日	4.0	2.5	3.3	2.0	11.80
*DN*1600	工日	2.0	2.5	4.2	3.0	11.70
*DN*1800	工日	2.0	2.5	4.2	3.0	11.70
*DN*2000	工日	2.0	2.5	4.2	3.0	11.70
*DN*2400	工日	3.0	2.5	6.4	3.0	14.90
*DN*2600	工日	3.0	2.5	7.2	3.0	15.70
*DN*3000	工日	4.0	2.5	8.0	3.0	17.50

注：本定额适用旧管，新管扣除刮管人工及冲洗人工的50%。

24. 内防腐水泥用量计算如何取定？

答：内防腐水泥用量计算的取定为 *DN*700～*DN*1000 钢管涂层厚度以 10mm 计；*DN*1200～*DN*3000 钢管涂层厚度以 12mm 计；砂的用量为同口径钢管水泥用量的 1.5 倍；水的用量为同口径钢管水泥用量的 3 倍。计算数据见表 2-57。

表 2-57

公称直径（mm）	水泥（t）	砂（m^3）	水（t）
*DN*700	0.18	0.21	0.59
*DN*800	0.20	0.24	0.67
*DN*900	0.23	0.26	0.76
*DN*1000	0.25	0.29	0.84
*DN*1200	0.30	0.36	1.01
*DN*1400	0.42	0.41	1.18
*DN*1600	0.48	0.48	1.34
*DN*1800	0.54	0.54	1.51
*DN*2000	0.60	0.59	1.64
*DN*2400	0.72	0.71	2.02
*DN*2600	0.78	0.77	2.18
*DN*3000	0.90	0.89	2.52

25. 钢管内防腐中机械配备如何取定？

答：机械配备根据工艺要求都是专用机械，在计算台班产量时，刮管机、冲水机和搅拌机按小组产量计，不计机械幅度差。在定额中如果采用新管，则要相应扣除刮管机台班，冲水机台班按 50%计算，涂料机械的台班费按上海自来水公司提供的资料。

26. 管道外防腐工程的施工工序和施工方法如何取定？

答：主要采用石油沥青外防腐、氯璜化聚乙烯外防腐、环氧煤沥青外防腐三种方法，见表2-58。

表2-58

施工工序	施工方法
场内搬运	人工、吊车配合
管材除锈	化学除锈
管材表面清查	人工
底漆	人工、简单机械
焊缝、嵌密	人工
缠布、刷油	人工、简单机械
养护、堆放	人工、吊车配合

27. 钢管防锈质量的标准有哪些？

答：(1) 按瑞典STS55900质量规定，钢管表面除锈达到$Sa^2 1/2$级。

(2) 非常彻底地除锈，使钢管表面具有金属光泽，所有氧化皮锈斑污物全部除掉。

(3) 焊缝处要求消除飞溅，焊缝两侧必须露出金属光泽。

28. 钢管除锈规范《酸洗中和纯化》的要求有哪些？

答：(1) 扫除管内、外壁脏物及油渍。

(2) 酸洗池20～30min，将氧化皮、浮锈全部除去。

(3) 中和池中清洗，将管道金属表面酸液漂洗，不留痕迹。

(4) 再放钝化池浸泡30min进行钝化，清洗晾干。

(5) 钢管外防腐其他工艺顺序如下：底漆→填嵌→底漆→面漆→玻璃布→面漆→玻璃布→面漆。

(6) 要求电火花2500V电压检验每平方米面积允许1处针孔击穿，包布涂层要求达0.5mm以上。

29. 管道外防腐工程中人工工日如何取定？

答：人工工日的取定资料由上海自来水公司提供，按设计要求人工工日计算如下：除锈每平方米0.034工日；底漆每平方米0.026工日；嵌密每平方米0.02工日；缠布涂料每平方米0.15工日。

30. 管道外防腐工程中材料耗用如何取定？

答：玻璃布用量每平方米＝表面积×1.21（理论系数）×层数；氯璜化聚乙烯每平方米2.4kg；盐酸用量每平方米2kg；中和材料每平方米0.5kg；槽制费摊销每平方米2元。

31. 外防腐氯璜化聚乙烯补充劳动定额有哪些内容？

答：外防腐氯璜化聚乙烯补充劳动定额见表2-59。

单位：10m　**表 2-59**

公称直径（mm）	外径面积（m²）	化学人工除锈	底漆	嵌密	缠布涂料	小计
*DN*200	6.88	0.22	0.20	0.14	1.03	1.59
*DN*300	10.21	0.33	0.27	0.20	1.53	2.33
*DN*400	13.38	0.45	0.35	0.27	2.01	3.08
*DN*500	16.61	0.56	0.44	0.33	2.49	3.82
*DN*600	19.79	0.66	0.52	0.40	2.97	4.55
*DN*700	22.62	0.85	0.61	0.45	3.39	5.30
*DN*800	25.76	0.88	0.67	0.52	3.86	5.93
*DN*900	28.90	0.98	0.75	0.58	4.34	6.65
*DN*1000	32.86	1.12	0.85	0.66	4.93	7.56
*DN*1200	39.14	1.33	1.02	0.78	5.87	9.00
*DN*1400	44.16	1.52	1.16	0.89	6.69	10.26
*DN*1600	50.87	1.73	1.32	1.02	7.63	11.70
*DN*1800	57.18	1.94	1.49	1.14	8.58	13.15
*DN*2000	63.46	2.90	1.65	1.27	9.50	15.32
*DN*2400	75.99	2.92	1.98	1.52	11.40	17.82
*DN*2600	81.64	2.93	2.12	1.62	12.25	18.93
*DN*3000	94.20	3.36	2.45	1.88	14.13	21.82

32. 给水工程中劳动定额是如何编制的？

答：本劳动定额由国家建工局1979年劳动定额和上海市自来水公司资料综合而成，如表2-60所示。

表 2-60

公称直径（mm）	单位	人工除锈中锈	刷油				小计
			底漆	嵌密	刷沥青	二布三油	
*DN*200	工日	0.19	0.16	0.14	0.29	0.51	1.29
*DN*300	工日	0.25	0.18	0.18	0.39	0.50	1.50
*DN*400	工日	0.29	0.23	0.23	0.47	0.50	1.72
*DN*500	工日	0.32	0.28	0.28	0.55	0.50	1.93
*DN*600	工日	0.41	0.33	0.31	0.80	0.59	2.44
*DN*700	工日	0.55	0.42	0.40	0.90	0.96	3.23
*DN*800	工日	0.57	0.44	0.42	0.92	1.89	4.24
*DN*900	工日	0.76	0.59	0.55	1.03	3.17	6.10
*DN*1000	工日	0.79	0.60	0.58	1.24	3.53	6.74

续表

公称直径(mm)	单位	人工除锈	刷油				小计
		中锈	底漆	嵌密	刷沥青	二布三油	
DN1200	工日	1.03	0.76	0.71	1.66	4.26	8.42
DN1400	工日	1.22	0.89	0.74	1.98	4.32	9.15
DN1600	工日	1.42	1.07	0.89	2.02	5.04	10.44
DN1800	工日	1.55	1.44	1.08	2.48	5.47	12.02
DN2000	工日	1.73	1.27	1.29	2.50	6.33	13.12
DN2400	工日	1.74	1.27	1.20	2.51	6.33	13.05
DN2600	工日	2.25	1.64	1.55	3.59	7.85	16.88
DN3000	工日	2.40	1.85	1.70	4.02	9.31	19.28

33. 石油沥青外防腐材料消耗如何取定?

答: 石油沥青外防腐材料消耗见表2-61。

单位:10m **表 2-61**

公称直径(mm)	外径面积(m^2)	玻璃布(m^2)	石油沥青(kg)	沥青清漆(kg)
DN200	6.88	16.73	42.56	1.353
DN300	10.21	24.83	63.16	2.373
DN400	13.38	32.54	82.77	3.393
DN500	16.61	40.42	102.81	4.382
DN600	19.79	48.13	122.42	5.725
DN700	22.62	55.01	139.93	6.755
DN800	25.76	62.65	159.35	7.245
DN900	28.90	70.29	178.77	8.800
DN1000	32.86	77.92	198.20	10.150
DN1200	39.14	93.22	237.11	12.480
DN1400	44.16	109.74	278.22	14.520
DN1600	50.87	129.49	317.96	16.520
DN1800	57.18	152.80	357.05	18.770
DN2000	63.46	180.30	406.28	21.300
DN2400	75.99	212.76	485.72	24.170
DN2600	81.64	251.06	536.20	27.430
DN3000	94.20	296.25	625.72	31.140

注:玻璃布定额计算公式:

$1m^2$=外面积×理论系数×层数=$D\pi\times1.21\times2$;

石油沥青定额用量:$1m^2$ 6.4~6.6kg;

沥青清漆定额用量:$1m^2$ 0.24~0.26kg。

34. 承插式铸铁管件安装的有关数据如何取定?

答:（1）工艺取定同第一章管道安装，管件含口量确定为1个口，如出现2个口可按实调整，人工工日的取定按市政劳动定额计算，内容包括安装、接口、管口处理和切管一次。

（2）材料消耗量按直管安装口计算。

（3）机械台班量的取定。在综合时考虑与直管安装配套，所以使用吨位相同；台班量的消耗量和“煤气工程”、“集中供热工程”册平衡。汽车式起重机吨位取定见表2-62。

表 2-62

汽车式起重机（t位）	5t	8t		16t
口径（mm）	*DN*300～500	*DN*600～800	*DN*900	*DN*1000～1200
台班消耗量	0.03	0.05	0.08	0.08～0.10

35. 钢管成品管件安装中有关数据如何取定?

答:（1）施工工序和施工方法的取定，资料来源于天津市的《给水和燃气管道工程预算》，在综合分析的基础上进行了调整。

（2）人工、材料的消耗采用天津市的消耗量。

（3）起重机台班量的取定经与“燃气工程”、“集中供热工程”册平衡取定，详见表2-63。

单位：台班　　表 2-63

汽车式起重机（吨位）	5t	8t				16t		20t
口径（mm以内）	*DN*300～500	*DN*600～800	*DN*900～1000	*DN*1200	*DN*1400	*DN*1600～1800	*DN*2000～2400	*DN*2600～3000
台班量取定	0.03	0.05	0.08	0.10	0.12	0.12	0.15	0.15

36. 新旧水管连接的有关数据如何取定?

答:（1）施工工序和施工方法的取定。新旧水管连接包括定位、关闸门、断管、管件安装、接口、临时加固和通水等内容。由于断管碰头口径变化大，在平衡时采用大口径与较次大口径。施工方法考虑断水和不断水连接2种施工方式，均采用连续工作。

如*DN*800与*DN*700管连接，按*DN*800新旧管碰头定额，断管碰头管件包括三通、短管、套管各1个，另增配闸门1个，均按大口径计算。

如*DN*800与*DN*600管连接，按*DN*800的4.5个口计算人工、材料的消耗量。由于碰头要求时间快，水平运输采用载重汽车配套。

如不断水碰头，项目主要有二合三通安装，其内容包括开边三通、哈夫三通，分为石棉水泥接口和青铅接口。

（2）人工组成套用《全国市政劳动定额》相应项目计算，因支管间的接口间隙较大，其人工、材料以接口的1.5计算。

(3) 连三通口在内，共4个口计。材料中的螺栓、胶皮板、白厚漆、氧化钙等采用广东省“市政工程预算定额”及“市政估价表”计算。如设计要求采用焊接时，其材料价格应予调整。

37. 管道附属构筑物中项目划分如何取定？

答：(1) 圆型阀井：分收口式和直筒式两种，并按井室内径的大小及深度的不同，取定了12个子目。为了便于在全国范围使用，又在每个子目后增加了12个每增减深度0.2m的调整子目。

(2) 矩型阀井：按标准图集分为5个子目。

(3) 矩型水表井：按标准图集分为5个子目。

(4) 挡墩（支墩）：按6个步距划分，分为有筋和无筋两种。

38. 管道附属构筑物中井室口的深度如何取定？

答：(1) 原编制方案依据标准图集圆型井室（收口式、直筒式）取定见表2-64。

表 2-64

井内径 (m)	收口式						直筒式					
	1.2	1.6	2.0	2.4	2.8	2.8	1.2	1.6	2.0	2.4	2.8	2.8
井深度 (m)	1.36	1.94	2.66	3.66	4.23	4.5	1.5	2.05	2.74	3.43	4.12	4.62

(2) 在综合平衡审定过程中，上述子目深度取定在使用中很不方便，因此，以整数取定了井室深度见表2-65。

表 2-65

井内径 (m)	收口式						直筒式					
	1.2	1.6	2.0	2.4	2.8	2.8	1.2	1.6	2.0	2.4	2.8	2.8
井深度 (m)	1.5	2.0	2.5	3.3	4.0	4.5	1.5	2.0	2.5	3.5	4.0	4.5

(3) 取整数确定的深度，又相应设了每增减0.2m的调整深度子目，与原配套使用，既方便使用又符合实际。

(4) 深度调整后，主要材料进行相应调整。

如收口式3.66m改为3.5m普通砖减0.16m^3（144）块普通砖，直筒式3.43m改为3.5m增加普通砖0.083m^3（5）块普通砖。

39. 管道附属构筑物中主要材料量（不包括损耗）如何取定？

答：主要材料量的取定见表2-66。

表 2-66

项　目	圆形阀井	矩形阀井
	每立方米砌体	
普通砖（块）	503	529
砂浆（m^3）	0.316	0.250

40. 管道附属构筑物中机械的配合及主要数量该如何取定?

答:(1) 井室混凝土采用400L电动搅拌机,并配备相应数量(1∶1)平板式振动器。

(2) 井室和挡墩(除收口式井室外)钢筋制作配备了钢筋综合机械,单价取定调直机单价。

(3) 全章考虑了机动翻斗车(1t)运输配合。

(4) 挡墩除以上规定外,混凝土以人工搅拌为准,配备了插入式振动器。

(5) 电动搅拌机台班产量同排水册井室相同,每台班产量为9.92m^3。

(6) 钢筋综合机械是指调查机、切断机、弯曲机合为一体,统称为综合机械。钢筋综合机械台班产量按每台班产量为1.09t计,台班单价套用调直机单价。

41. 地表水取水构筑物的有关数据如何取定?

答:(1) 箱(船)体混凝土及金属构件制作。箱(船)体混凝土以岸边钢平台上制作为准(如2次水上浇灌按本定额),其他费用按实底板厚度为0.3m、箱壁厚度为0.2m、箱盖厚度为0.1m计算。混凝土包括损耗在内。模板周转、其他材料计算方法,按图示尺寸以10m^3为单位计算,不扣除钢筋、铁件所占体积,也不扣除0.3m^3以下孔洞体积。

(2) 金属进水格栅铁件以吨为单位,金属人孔按直径700mm考虑铁件重量,金属浮标按0.8m考虑铁件重量(钢管径500mm)。材料实际用量超出本定额,可以调整材料用量,但人工不予调整。

(3) 取水头拖运就位、基坑(床)整平加固。

① 孔洞封闭。是取水头箱(船)体,未下水前,需作封闭,以防进水,便于拖运,计量单位为平方米。

② 拖运就位。计量单位为座,每座以50m^3混凝土确定的单位。拖运时需铺设滑道,类似船坞。滑道一边连在平台钢轨上,一边伸入河床,一直铺到箱(船)体吃水线为止,拖运时地面部分(岸边)用推土机(91.87kW)和卷扬机牵引,入水后用拖轮拖到指定位置用潜水泵灌水便可下沉了。这样连续工序,定额中考虑了拖轮、推土机、卷扬机、潜水泵台班,同时,也相应考虑了拖运就位时,潜水员配合的潜水设备台班。

③ 基坑(床)整平加固,沉箱体内抛石、混凝土。在箱(船)体就位后,它的四周用铺石加固,箱(船)体两头空间(不进水空腹处)灌入毛石混凝土,铺石运输。岸上机动翻斗车运至驳船上,由人往水中投,潜水员下水平整,箱(船)体抛石、混凝土,以在岸边搅拌,机动翻斗车运输,人工抛入,边抛块石,边抛入混凝土。机械台班配备按计算后确定。

④ 浮筒。按管径529～1220mm以下考虑,计算单位为10延米。如材料用量超出定额用量,可以调整。

42. 地下水取水构筑物的有关数据如何取定?

答:(1) 大口井套管安装。大口井壁制作、下沉、混凝土封底按第六册"排水工程"执行。井底滤料充填按本章渗渠滤料充填执行。

(2) 渗渠制作安装。混凝土为人工搅拌,机械振捣。安装采用汽车起重机8t。

(3) 渗渠滤料充填。滤料充填以10m^3为计量单位,滤料的粒径分为4、8、30mm以下3个子目,大口井的辐射井滤料参照执行。

（4）辐射井管安装。辐射井管按集水井内用顶管机顶进为准，管径分为108mm、159mm、219mm、225mm四个子目，若用人工顶进，可按实调整。由于辐射管没有定型产品，都采取现用现加工，因此，定额中所列主材费是按钢管成材计算的。钻孔加工费按实计取。

（5）地下取水构筑物中土方开挖、回填土方及上部结构部分，按第一册“通用项目”相应项目和实际执行。

43. 取水工程中人工工日如何确定？

答：人工工日的计算参照劳动定额结合工程实际进行综合平衡计算，平均等级按项目确定。

44. 取水工程中机械台班如何取定？

答：按不同的工作物配备了相应的机械以及水上施工用船舶。

第二章　1999 年版定额交底资料

第一节　定　额　说　明

一、本定额主要编制依据

1.《给水排水标准图集》S1、S2、S3（1996 年）。
2.《室外给水设计规范》（GBJ 13—86）。
3.《给水排水构筑物施工及验收规范》（GB/T 50265—97）。
4.《供水管井设计施工及验收规范》（CJJ 18—88）。
5.《全国统一市政劳动定额》（1993 年版）。
6.《全国统一安装工程基础定额》（1998 年版）。
7.《全国统一市政工程预算定额》（1999 年版）。

二、本定额适用范围

本定额适用于城镇范围内的新建、扩建市政给水工程。

三、定额内容

1. 本定额共五章 38 节 444 子目。
2. 本定额与 1989 年定额相比，删除或执行其他册定额共 18 节，新增加 11 节。

四、与全国统一安装工程预算定额的界限划分

与全国统一安装工程预算定额的界限划分见总说明界限划分图。

五、关于数据的取定

（一）人工

1. 定额人工工日不分工种、技术等级一律以综合工日表示。

综合工日＝基本用工＋超运距用工＋人工幅度差＋辅助用工

2. 水平运距综合取定 150m，超运距 150－50＝100m。
3. 人工幅度差＝（基本用工＋超运距用工）×10％

（二）材料

1. 主要材料净用量按现行规范、标准（通用）图集重新计算取定，对于影响不大，原定额的净用量比较合适的材料，未作变动。
2. 损耗率按建设部（96）建标经字第 47 号文件的规定计算。

（三）机械

1. 凡是以台班产量定额为基础计算台班消耗量，均计入了机械幅度差（幅度差详见总说明）。

2. 凡是以班组产量计算的机械台班消耗量，均不考虑幅度差。

六、有关问题的处理

1. 所有电焊条的项目，均考虑了电焊条烘干箱烘干电焊条的费用。

2. 管件安装经过典型工程测算，综合取定每一件含 2.3 个口（其中铸件管件含 0.3 个盘），简化了定额套用。

3. 套用机械作业的劳动定额项目，凡劳动定额包括司机的项目，均已扣除了司机工日。

4. 取水工程项目均按无外围护考虑，经测算在全国统一市政劳动定额基础上乘 0.87 折减系数。

5. 安装管件配备的机械规格与安装直管配备的机械规格相同。

第二节　各章中有关问题的说明

一、管道安装

（一）承插式铸铁管安装

1. 管材有效节长：*DN*200 内取定 4m，*DN*1600 内取定 5m（球墨铸铁管取定 6.0m）。

2. 每 10m 管含口量：*DN*200 内取定 2.5 个，*DN*1600 内取定 2.0 个（球墨铸铁管取定 1.67 个）（铸铁管损耗 2.5%）。

3. 施工工序和方法见表 2-67。

表 2-67

施工工序	施工方法
场内水平运输	*DN*200 以内用人工、手推车，*DN*200 以上用汽车起重机、汽车配合
管材清理检查	人工除沥青（氧气、乙炔气）
管道安装	*DN*200 以内人工，*DN*200 以上汽车起重机
接口	手锤打口、人工配制材料
养护	人工

4. 铸铁管接口间隙体积近似计算（见图 2-21）见表 2-68。

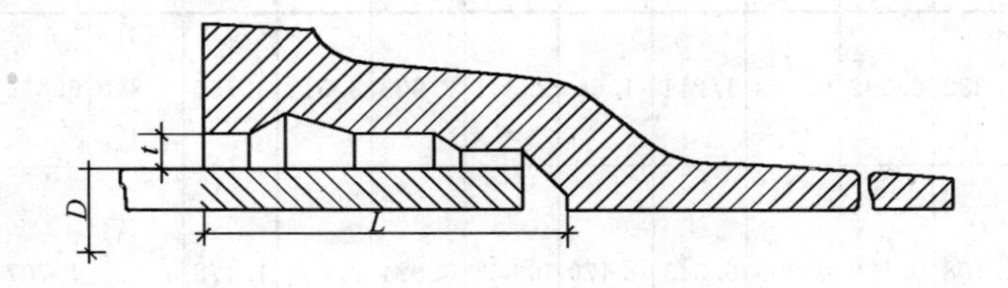

图 2-21

近似计算公式：$V=0.7854\times\left[(D+2t)^2-D^2\right]L$

表 2-68

公称直径 DN (mm)	外径 D (mm)	接口间隙 t (mm)	接口长度 L (mm)	间隙体积 V ($10^{-3}m^3$)
75	93.0	10	95	0.307
100	118.0	10	95	0.382
150	169.0	10	100	0.562
200	220.0	10	100	0.723
300	322.8	11	105	1.211
400	425.6	11	110	1.660
500	528.0	12	115	2.341
600	630.8	12	120	2.908
700	733.0	12	125	3.511
800	836.0	12	130	4.156
900	939.0	12	135	4.840
1000	1041.0	13	140	6.026
1200	1246.0	13	150	7.713
1400	1446.0	14	160	10.274
1600	1646.0	14	170	12.412

注：摘自《市政施工手册》砂型离心铸铁管的尺寸

5. 青铅接口一个口材料净用量见表 2-69。

表 2-69

管径(mm) / 项目	DN 75	DN 100	DN 150	DN 200	DN 300	DN 400	DN 500	DN 600	DN 700	DN 800	DN 900	DN 1000	DN 1200	DN 1400	DN 1600
空隙体积 V ($10^{-3}m^3$)	0.307	0.382	0.562	0.723	1.211	1.66	2.341	2.908	3.511	4.156	4.840	6.026	7.713	10.274	12.412
油麻($V_1=V/3$) 重量 $G_1=V_1\times0.85$(kg)	0.087	0.108	0.159	0.205	0.343	0.470	0.663	0.824	0.995	1.178	1.371	1.707	2.185	2.911	3.517

续表

项目＼管径(mm)	DN 75	DN 100	DN 150	DN 200	DN 300	DN 400	DN 500	DN 600	DN 700	DN 800	DN 900	DN 1000	DN 1200	DN 1400	DN 1600
青铅($V_2=2V/3$) 重量$G_2=V_2\times11.25$(kg)	2.302	2.865	4.215	5.422	9.082	12.450	17.557	21.810	26.332	31.170	36.300	45.195	57.847	77.055	93.090
氧气（m^3）	0.02	0.034	0.046	0.082	0.12	0.225	0.284	0.344	0.404	0.449	0.50	0.56	0.61	0.66	0.72
木柴（kg）	0.08	0.10	0.20	0.20	0.4	0.50	0.60	0.60	0.70	0.70	0.90	0.90	1.16	1.16	1.49
焦炭（kg）	1.00	1.18	1.69	2.17	3.38	4.64	6.03	7.34	9.00	10.65	11.67	13.28	15.11	17.20	19.57

注：氧气（m^3）：乙炔气（kg）＝3：1

6. 石棉水泥接口一个口材料净用量见表2-70。

表 2-70

直径(mm)＼项目	接口间隙体积（V）（$10^{-3}m^3$）	石棉水泥重量比0.3：0.7，混合相对密度2.892				油麻相对密度0.85	
		石棉水泥 $V_1=2V/3$（$10^{-3}m^3$）	石棉绒用量（kg）	水泥用量（32.5）（kg）	水用量（kg）	油麻体积 $V_2=V/3$（$10^{-3}m^3$）	油麻用量（kg）
DN75	0.307	0.205	0.178	0.415	0.083	0.102	0.087
DN100	0.382	0.255	0.221	0.516	0.103	0.127	0.108
DN150	0.562	0.375	0.325	0.759	0.152	0.187	0.159
DN200	0.723	0.482	0.418	0.976	0.195	0.241	0.205
DN300	1.211	0.807	0.700	1.634	0.327	0.404	0.343
DN400	1.660	1.107	0.960	2.241	0.448	0.553	0.470
DN500	2.341	1.561	1.354	3.160	0.632	0.780	0.663
DN600	2.908	1.939	1.682	3.925	0.785	0.969	0.824
DN700	3.511	2.341	2.031	4.739	0.948	1.170	0.995
DN800	4.156	2.771	2.404	5.610	1.122	1.385	1.178
DN900	4.840	3.227	2.800	6.533	1.307	1.613	1.371
DN1000	6.026	4.017	3.485	8.132	1.626	2.009	1.707
DN1200	7.713	5.142	4.461	10.409	2.082	2.571	2.185
DN1400	10.274	6.849	5.942	13.865	2.773	3.425	2.911
DN1600	12.412	8.275	7.179	16.752	3.350	4.137	3.517

注：1. 混合相对密度$=\frac{1}{0.3/2.5+0.7/3.1}=2.892$

式中　2.5—石棉相对密度；3.1—水泥相对密度；

2. 管口除沥青所用氧气、乙炔气消耗量同青铅接口；

3. 用水量不包括养护用水，水灰比按0.2计算。

7. 膨胀水泥接口，一个接口材料净用量如表 2-71。

表 2-71

项目 / 直径(mm)	接口间隙体积（V）($10^{-3}m^3$)	膨胀水泥密度 3.1kg/m³			油麻密度 0.85kg/m³	
		膨胀水泥 $V_1=2V/3$ ($10^{-3}m^3$)	膨胀水泥用量（kg）	水 (kg)	油麻体积 $V_2=V/3$ ($10^{-3}m^3$)	油麻用量 (kg)
*DN*75	0.307	0.205	0.636	0.191	0.102	0.087
*DN*100	0.382	0.255	0.791	0.237	0.127	0.108
*DN*150	0.562	0.375	1.163	0.349	0.187	0.159
*DN*200	0.723	0.482	1.494	0.448	0.241	0.205
*DN*300	1.211	0.807	2.502	0.751	0.404	0.343
*DN*400	1.660	1.107	3.432	1.030	0.553	0.470
*DN*500	2.341	1.561	4.839	1.452	0.780	0.663
*DN*600	2.908	1.939	6.011	1.803	0.969	0.824
*DN*700	3.511	2.341	7.257	2.177	1.170	0.995
*DN*800	4.156	2.771	8.590	2.577	1.385	1.178
*DN*900	4.840	3.227	10.004	3.001	1.613	1.371
*DN*1000	6.026	4.017	12.453	3.736	2.009	1.707
*DN*1200	7.713	5.142	15.940	4.782	2.571	2.185
*DN*1400	10.274	6.849	21.232	6.370	3.425	2.911
*DN*1600	12.412	8.275	25.653	7.696	4.137	3.517

注：1. 水灰比按 0.3 计算水用量不包括养护用水；
　　2. 管口除沥青所用氧气、乙炔气消耗量同青铅接口。

8. 胶圈接口（插入式）所用润滑剂取定（净用量、一个口）如表 2-72。

表 2-72

管径（mm）	150	250	300	400	500	600
润滑剂（kg）	0.05	0.06	0.076	0.086	0.105	0.124

管径（mm）	700	800	900	1000	1200	1400	1600
润滑剂（kg）	0.143	0.162	0.189	0.20	0.238	0.286	0.324

注：氧气、乙炔气用量同青铅接口

9. 施工机械的取定（台班/10m）见表 2-73。

表 2-73

口径（mm）	汽车式起重机				载重汽车	
	5t	8t	16t	20t	5t	8t
300	0.06	—	—	—	0.04	—
400	0.08	—	—	—	0.04	—

续表

口径（mm）	汽车式起重机				载重汽车	
	5t	8t	16t	20t	5t	8t
500	0.10	—	—	—	0.04	—
600	—	0.12	—	—	0.05	—
700	—	0.15	—	—	0.05	—
800	—	0.16	—	—	0.06	—
900	—	0.17	—	—	0.06	—
1000	—	—	0.18	—	0.09	—
1200	—	—	0.19	—	0.09	—
1400	—	—	—	0.21	—	0.11
1600	—	—	—	0.22	—	0.13

（二）预应力（自应力）混凝土管安装（胶圈接口）

1. 管节长度取定5m（混凝土管损耗1.0%）。
2. 施工工序和施工方法见表2-74。

表 2-74

施　工　工　序	施　工　方　法
场内水平运输	汽车、汽车起重机
管材清理检查	人工
管道安装	人工、汽车起重机配合

3. 润滑剂用量参照《全国统一安装基础定额》第七册预应力混凝土组对项目。
4. 施工机械的取定（台班/10m）见表2-75。

表 2-75

口径（mm）	汽车式起重机（t）					载重汽车（t）				卷扬机电动慢速双筒5t
	5	8	16	20	30	5	8	10	15	
300	0.10	—	—	—	—	0.03	—	—	—	0.06
400	0.12	—	—	—	—	0.04	—	—	—	0.08
500	0.14	—	—	—	—	0.05	—	—	—	0.10
600	—	0.16	—	—	—	0.05	—	—	—	0.13
700	—	0.20	—	—	—	0.05	—	—	—	0.15
800	—	0.22	—	—	—	0.06	—	—	—	0.17
900	—	0.25	—	—	—	0.06	—	—	—	0.20
1000	—	—	0.28	—	—	—	0.09	—	—	0.22
1200	—	—	0.31	—	—	—	0.09	—	—	0.27

续表

口径(mm)	汽车式起重机(t)					载重汽车(t)				卷扬机电动慢速双筒5t
	5	8	16	20	30	5	8	10	15	
1400	—	—	—	0.35	—	—	—	0.12	—	0.32
1600	—	—	—	—	0.38	—	—	—	0.15	0.37
1800	—	—	—	—	0.41	—	—	—	0.15	0.42

(三)塑料管安装(粘结)

1. 管节长度5m(塑料管损耗2.0%)。

2. 施工工序和施工方法见表2-76。

表 2-76

施工工序	施工方法
场内水平搬运	人工、手推车
切口	*DN*≤50用手工锯 *DN*>50用木圆锯机
坡口	手工锉 砂布磨光
清理工作面、试插	人工
管道安装	人工

3. 材料、机械取定参照《全国统一安装工程预算定额》第六册《工艺管道安装》。

(四)塑料管安装(胶圈接口)

1. 有效节长取定为5m(塑料管损耗2.0%)。

2. 施工工序和施工方法见表2-77。

表 2-77

施工工序	施工方法
场内水平搬运	人工、手推车
切口	木圆锯机
坡口	手工锉 砂布磨光
清理工作面	人工
涂润滑剂	人工
管道安装及接口	人工、导链

3. 材料、机械取定参照《全国统一安装工程预算定额》第六册《工艺管道安装》。

4. 润滑剂取定如下:(kg/口)*DN*90,0.035;*DN*125,0.038;*DN*160,0.048;*DN*250,0.067;*DN*315,0.076;*DN*355,0.086;*DN*400,0.086;*DN*500,0.105。

(五)铸铁管新旧管连接

1. 施工工序和施工方法见表2-78。

表 2-78

施工工序	施工方法
场内水平搬运	*DN*200 内用人工，*DN*200 以上用汽车、汽车起重机配合
临时加固	人工
锯　管	人工
旧管取出	*DN*200 以内用人工、*DN*200 以上用汽车起重机
管口涂沥青	人工、氧气、乙炔气
碰　头	*DN*200 以内用人工、*DN*200 以上用汽车起重机

2. 铸铁管新旧管连接示意图见图 2-22。

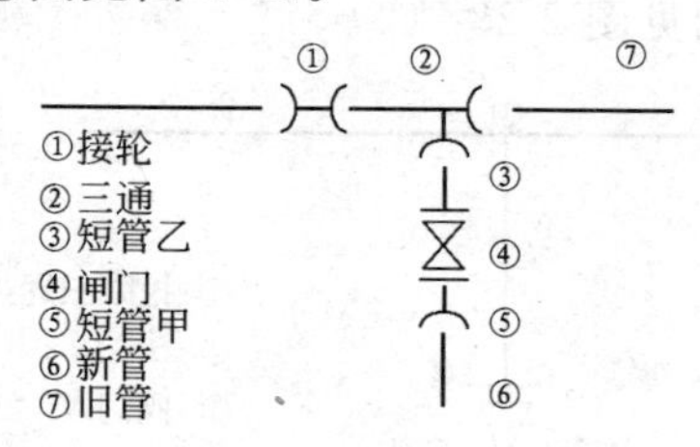

图 2-22　新旧管线连接示意图

3. 临时加固按每处两根方木，方木规格 0.3m×0.3m×（管径+0.4）m（适用 *DN*500 以内）、0.4m×0.4m×（管径+0.5）m（适用 *DN*800 以内）、0.5m×0.5m×（管径+0.6）m（适用 *DN*1200 以内）、0.6m×0.6m×（管径+0.7）m（适用 *DN*1600 以内），方木周转 10 次。

4. 管口涂沥青材料、接口材料基础数据同铸铁管安装相应项目。

5. 施工机械的取定（台班/处）见表 2-79。

表 2-79

名称 / 直径	载重汽车		汽车式起重机			
	5t	8t	5t	8t	16t	20t
*DN*100	—	—	—	—	—	—
*DN*200	—	—	—	—	—	—
*DN*300	0.04	—	0.10	—	—	—
*DN*400	0.04	—	0.11	—	—	—
*DN*500	0.04	—	0.13	—	—	—
*DN*600	0.05	—	—	0.15	—	—
*DN*700	0.05	—	—	0.17	—	—
*DN*800	0.06	—	—	0.19	—	—
*DN*900	0.06	—	—	0.21	—	—
*DN*1000	0.07	—	—	—	0.22	—
*DN*1200	0.07	—	—	—	0.24	—
*DN*1400	—	0.09	—	—	—	0.26
*DN*1600	—	0.11	—	—	—	0.28

（六）钢管新旧管连接（焊接）

1. 施工工序和施工方法见表2-80：

表 2-80

施 工 工 序	施 工 方 法
场内水平搬运	*DN*250 内用人工，*DN*250 以上用汽车、汽车起重机配合
临时加固	人工
挖眼	人工
碰头	*DN*250 以内用人工、*DN*250 以上用汽车起重机

2. 钢管新旧管连接示意图见图2-23。

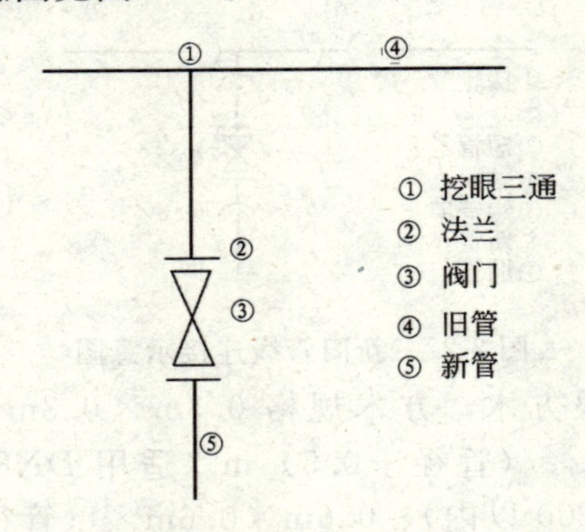

图 2-23 钢管新旧管连接示意图

3. 临时加固：*DN*1600 内方木使用量同铸铁管新旧管连接，*DN*2000 内每处安设 2 根方木，每根方木规格 0.7m×0.7m×（管径＋0.8）m。方木周转 10 次。

4. 氧气（m^3）：乙炔气（kg）＝3：1。

5. 施工机械的取定（台班/处）见表2-81。

表 2-81

直径＼名称	载重汽车		汽车式起重机			
	5t	8t	5t	8t	16t	20t
*DN*300	0.04	—	0.10	—	—	—
*DN*400	0.04	—	0.11	—	—	—
*DN*500	0.05	—	0.13	—	—	—
*DN*600	0.05	—	—	0.15	—	—
*DN*700	0.05	—	—	0.17	—	—
*DN*800	0.06	—	—	0.19	—	—
*DN*900	0.06	—	—	0.21	—	—
*DN*1000	0.07	—	—	0.22	—	—
*DN*1200	0.07	—	—	0.24	—	—
*DN*1400	0.09	—	—	0.26	—	—

续表

直径＼名称	载重汽车		汽车式起重机			
	5t	8t	5t	8t	16t	20t
DN1600	—	0.11	—	—	0.28	—
DN1800	—	0.13	—	—	0.30	—
DN2000	—	0.15	—	—	0.32	—

（七）管道试压

1. 施工工序和施工方法见表2-82：

表2-82

施工工序	施工方法
场内运输	人工
打压设备安拆	人工，每500m安拆一次
灌水打压	人工

2. 灌水所用钢管、阀门、法兰取定如下：

（1）钢管：试压管 *DN*500 以下　　*DN*50　　一根
　　　　试压管 *DN*1000 以下　　*DN*50　　两根
　　　　试压管 *DN*2000 以下　　*DN*80　　两根
　　　　试压管 *DN*3000 以下　　*DN*100　　两根

每根长度取定150m，周转30次。

（2）阀门：*DN*500 以下　　H41T-16　*DN*50　　一个
　　　　*DN*1000 以下　　H41T-16　*DN*50　　两个
　　　　*DN*2000 以下　　H41T-16　*DN*80　　两个
　　　　*DN*3000 以下　　H41T-16　*DN*100　　两个

每个阀门周转30次。

（3）法兰：*DN*500 以下　　*DN*16　　*DN*50　　两片
　　　　*DN*1000 以下　　*DN*16　　*DN*50　　四片
　　　　*DN*2000 以下　　*DN*16　　*DN*80　　四片
　　　　*DN*3000 以下　　*DN*16　　*DN*100　　四片

每一片法兰周转30次。

3. 氧气（m^3）：乙炔气（kg）＝3：1。

4. 钢板用量参照《全国统一安装基础定额》，并考虑了两个专业不同的管道试压长度。

5. 水用量按试压管道体积加10%计算。

（八）管道消毒冲洗

1. 施工工序和施工方法见表2-83。

表 2-83

施工工序	施工方法
场内运输	人工
灌水、冲洗	人工
溶解漂白粉	人工
泡管消毒	人工

2. 如水质化验达不到饮用水标准时，水的用量可调整。

二、管道内防腐

1. 内防腐施工工序、施工方法见表 2-84。

表 2-84

序号	施工工序	施工方法
1	冲洗	人工
2	内涂	人机配合或人工
3	成品临时堆放	*DN*200 内人工，*DN*200 以上人工、汽车起重机

2. 水泥砂浆内防腐厚度取定见表 2-85。

表 2-85

公称直径（mm）	壁厚（mm）	公称直径（mm）	壁厚（mm）
*DN*150～300	5	*DN*1600～1800	14
*DN*400～600	6	*DN*2000～2200	15
*DN*700	8	*DN*2400～2600	16
*DN*800～1000	10	*DN*2600 以上	18
*DN*1200～1400	12		

3. 水泥砂浆中水泥与砂重量比为 1∶1.5，水灰比按 0.47 取定，每立方米水泥砂浆水泥取定 0.8t、砂 1.2t。

三、管件安装

（一）铸铁管件安装

1. 施工工序、方法见表 2-86。

表 2-86

序号	施工工序	施工方法
1	水平运输	$DN<300$ 人工，$DN\geqslant300$ 汽车，汽车起重机
2	安装	$DN<300$ 人工，$DN\geqslant300$ 汽车，汽车起重机
3	管口处理、剁管、打口、养护	人工

2. 通过测算铸铁管件安装每件按 2.3 个口计算（其中含盘 0.3 个口），材料消耗量按直管的基础数据。每一管件安装包括管口处理 2 个，切管 1 次。

3. 带盘管件安装所用螺栓、垫片均未考虑在管件安装项目内。

4. 每个管件重量取定如表 2-87。

表 2-87

管径 (mm)	每一个弯头重 (kg) 及权数	每一个三通重 (kg) 及权数	每一个异径管重 (kg) 及权数	合计重量 (kg)
75	17.97×0.6	26.92×0.3	20.57×0.1	21
100	22.97×0.6	34.32×0.3	25×0.1	27
150	40.00×0.6	54.52×0.3	31×0.1	44
200	65.47×0.6	78.59×0.3	42×0.1	68
300	141.42×0.6	145.35×0.3	85×0.1	138
400	226.84×0.6	268.13×0.3	147×0.1	232
500	351.50×0.6	406.68×0.3	203×0.1	354
600	527.34×0.6	570.67×0.3	287×0.1	517
700	734.47×0.6	786.17×0.3	433×0.1	721
800	868.21×0.6	1043.69×0.3	563×0.1	891
900	1146.8×0.6	1365.67×0.3	694×0.1	1167
1000	1484.72×0.6	1782.22×0.3	867×0.1	1513
1200	2330.63×0.6	2550.59×0.3	1238×0.1	2288
1400	3224.36×0.6	3633×0.3	1634×0.1	3189
1600	4392.00×0.6	5029×0.3	2017×0.1	4346

5. 施工机械的取定（台班/个）见表 2-88。

表 2-88

公称直径 \ 名称	载重汽车		汽车式起重机			
	5t	8t	5t	8t	16t	20t
$DN300$	0.008	—	0.01	—	—	—
$DN400$	0.008	—	0.02	—	—	—

续表

公称直径＼名称	载重汽车		汽车式起重机			
	5t	8t	5t	8t	16t	20t
DN500	0.008	—	0.03	—	—	—
DN600	0.01	—	—	0.05	—	—
DN700	0.01	—	—	0.05	—	—
DN800	0.012	—	—	0.05	—	—
DN900	0.012	—	—	0.08	—	—
DN1000	0.018	—	—	—	0.08	—
DN1200	0.018	—	—	—	0.10	—
DN1400	—	0.022	—	—	—	0.10
DN1600	—	0.026	—	—	—	0.12

（二）承插式预应力混凝土转换件安装（石棉水泥接口）

1. 施工工序和施工方法见表2-89。

表 2-89

序号	施　工　工　序	施　工　方　法
1	场内搬运	DN<600用人工；DN≥600用汽车、汽车起重机
2	管件安装	DN<600用人工；DN≥600用汽车起重机
3	接口、养护	人工

2. 材料根据原市政定额而取定，机械同铸铁管件安装。

（三）塑料管件（粘结、胶圈接口）安装

1. 施工工序及施工方法见表2-90。

表 2-90

序号	施　工　工　序	施　工　方　法
1	场内运输	人工
2	切管及坡口	DN<75用手工锯断，DN≥75用木工圆锯机，坡口手工锉，砂布磨光
3	清理工作面及涂润滑剂	人工
4	粘结或胶圈接口	人工

2. 塑料管件每个管件平均按2.3个口考虑。

3. 材料、机械取定参考《全国统一安装工程预算定额》第六册《工艺管道安装》。

4. 润滑剂取定如下：（kg/口）DN90，0.30；DN125，0.038；DN160，0.048；DN250，0.067；DN315，0.076；DN355，0.086；DN400，0.086；DN500，0.105。

（四）马鞍卡子安装

施工工序、方法见表2-91。

表 2-91

序号	施　工　工　序	施　工　方　法
1	场内运输	<700 双轮车；≥700 载重汽车、汽车起重机
2	安装	≥700 用汽车起重机；<700 用人工
3	打孔	打孔机

（五）水表安装

水表安装参照《全国统一安装工程预算定额》第八册。

四、管道附属构筑物

1．施工工序和施工方法见表 2-92。

表 2-92

施　工　工　序	施　工　方　法
材料水平运输	混凝土：机动翻斗车　其他材料：人工
混凝土搅拌、捣固	人工、混凝土搅拌机、振捣器
砌筑	人工
抹水泥砂浆	人工
盖板安装	人工

2．各种井室、井盖按中国建筑标准设计研究所《给水排水标准图集（合订本）》S1（上、下）编制。全部按无地下水考虑。盖板按现场预制考虑。

3．基础数据：

（1）碎石压实系数：1.3。

（2）勾缝材料净用量：$0.211m^3/100m^2$。

（3）砖、砂浆净用量（每立方米砌体）见表 2-93。

表 2-93

墙厚＼形状	矩形		圆形	
	砖（块）	砂浆（m^3）	砖（块）	砂浆（m^3）
240mm 厚墙	529	0.226	503	0.316
370mm 厚墙	522	0.236		
500mm 厚墙	518	0.242		

（4）草袋净用量（个）$\dfrac{\text{混凝土露明面积}（m^2）}{0.42（m^2/\text{个}）\times 2}$。

（5）水净用量：

冲洗石子：$4.5m^3/10m^3$ 混凝土

冲洗搅拌机：$2.2m^3/10m^3$ 混凝土

养护用水：平面：0.14m^3/m^2（混凝土露明面积）（每天浇水5次、养护7天）；立面：0.056m^3/m^2（混凝土露明面积）（每天浇水2次、养护7天）。

浸砖用水：0.2m^3/千块。

(6) 每10m^3混凝土按含石子9m^3考虑。

(7) 筛砂工程量＝砂浆量×配合比用砂量×1.05（筛砂损耗）。

(8) 用电量：插入式、平板式振捣器每台班用电4kW·h。

（插入式振捣器台班：混凝土搅拌机台班＝2：1

平板式振捣器台班：混凝土搅拌机台班＝1：1）

4. 夯实机按班组产量计算，混凝土搅拌机台班产量按10m^3考虑（不计幅差）。

5. 圆型阀门井井内径2.0m及2.0m以上的井（即适用管径400以上的井），在计算砖用量、水泥砂浆用量时，已扣除管道所占的体积。

6. 矩形阀门井在计算砖用量、水泥砂浆用量时，已扣除管道所占据的体积。

7. 矩形水表井在计算砖用量、水泥砂浆用量时，不扣除管道所占的体积。

五、取水工程

1. 本章定额是依据1997年《全国统一市政劳动定额》编制，并且按无外围护结构考虑。

2. 混凝土渗渠管制作用水、草袋、电计算方法与第四章相同。

第三分部　工程预算问答

1. 套用管道新旧连接定额有哪些规定?

答: 管线定额对新旧管连接，其定额采用连续施工作业，并综合考虑了带水操作、交通复杂等施工难度因素。套用该分部定额应注意如下三点规定：

(1) 定额中未包括弯头、异径管及阀门安装，使用时按实际发生数套用管件安装中相应定额。

(2) 管道空管接拢，参照管道新旧管连接定额中的末端接拢内容，其人工机械系数为0.5，长度以250m/次，长度不足250m时，按250m计。

(3) 新旧管连接其主材为混凝土管时，其人工按铸铁管乘以系数1.2。

2. 套用管道内外防腐及探伤定额有何规定?

答: 套用管道内外防腐及探伤定额有如下三点规定：

(1) 管道内外防腐及探伤定额适用于给水管道及钢管件的防腐，并综合考虑了现场施工，工作量以延长米计。

(2) 管道内外防腐及探伤均不包括使用机械进行翻转施工，增加的费用，需要时可按施工方法另行计算。

(3) 钢管的接口防腐、伤口修补也执行管道防腐及探伤定额。补口宽度以0.6m计算，每100m长度的补伤工作量以1.0m计算。

第三部分

定额预算与工程量清单计价编制实例及对照应用实例

【例 1】 某给水工程设置一座 600m³ 的圆形钢筋混凝土蓄水池。当地无地下水，土质为普通土。根据设计要求，水池内壁、底板均采用防水砂浆抹面，厚 20mm，水池外壁和顶板顶面涂抹一层沥青。基坑开挖的边坡系数为 0.33。池顶覆土厚度 0.3m，覆土的边坡系数为 1.5，覆土上边缘距水池边缘的水平距离为 1m。试确定水池的定额直接费。

【解】 本题应该在熟悉图纸和定额的基础上，先计算工程量（方法见表 3-1）；然后将汇总的工程量填入预算表，查定额，将单价编号和单价（即基价）填入预算表相应的栏内；计算合价；汇总合价，得定额直接费，见表 3-2。在工程量清单计价方式下，定额预算表与清单项目之间关系分析对照表见表 3-3，分部分项工程量清单计价表见表 3-4，分部分项工程量清单综合单价分析表见表 3-5。

工程量计算表　　**表 3-1**

序号	工程名称	计算式	单位	工程量
1	人工挖基坑土方	1　14.72　1　1:1.5　0.3　0.3　4.0　1:0.33　1.0　1.2　0.8 示意图（单位：m） 土台体积计算式 $V=\frac{\pi}{3}h\ (R_1^2+R_2^2+R_1R_2)$ $R_1=(14.72+0.2+1.6)\times\frac{1}{2}=8.26$ $R_2=(8.26+0.33\times4.0)=9.58$ $V=\frac{\pi}{3}\times4.0\times(8.26^2+9.58^2+8.26\times9.58)=1002$ 集水坑：$\frac{\pi}{3}\times1.0\times(0.6^2+1.57^2+0.6\times1.57)=3.9$	m³	1006
2	池顶覆土	土台上半径 $R_1=7.36+1=8.36$ 土台下半径 $R_2=8.36+0.9=9.26$ 土台内池体部分：$7.36^2\times\pi\times0.3=51$ $V=\frac{\pi}{3}\times0.6\times(8.36^2+9.26^2+8.36\times9.26)-51=95$	m³	95
3	填土夯实	$1002-7.36^2\times\pi\times4$（池体）$=321$	m³	321
4	脚手架	199（外壁）+181（内壁）+36（柱）	m²	416
5	钢筋混凝土	17.1（底）、35.4（壁）、6.1（柱）、17.1（顶）	m³	
6	砂浆抹面	227.5（壁、柱）、162（底）	m²	
7	涂沥青	170（顶板）、195（壁）	m²	
8	混凝土基层	17.5	m³	17.5

工程分部（项）预（决）算费用表

建设单位：

工程名称：600m³ 水池

表 3-2

序号	定额编号	分部(项)工程名称	单位	数量	总价(元)		其中:人工费(元)		材料费(元)		机械费(元)	
					单价	合计	单价	合计	单价	合计	单价	合计
1	1—21	人工挖基坑土方	100m³	10.06	222.82	2241.57	222.82	2241.57				
2	1—44	池顶覆土	100m³	0.95	42.28	40.17	42.28	40.17				
3	1—46	填土夯实	100m³	3.21	116.85	375.09	116.66	374.48	0.19	0.61		
4	1—326	脚手架	100m²	4.16	167.88	698.38	27.74	115.40	140.14	582.98		
5	6—394	混凝土基层	10m³	1.75	980.78	1716.37	123.95	216.91	831.97	1455.95	24.86	43.51
6	6—458	池底	10m³	1.71	2007.37	3432.60	123.76	211.63	1833.47	3135.23	49.14	84.03
7	6—469	池壁	10m³	3.54	3043.75	10774.88	310.28	1098.39	2662.28	9424.47	71.19	252.01
8	6—475	柱	10m³	0.61	3125.81	1906.74	322.49	196.72	2722.85	1660.94	80.47	49.09
9	6—479	池盖	10m³	1.71	2146.64	3670.75	217.88	372.57	1866.10	3191.03	62.66	107.15
10	6—509	砂浆抹面(池底)	100m²	1.62	343.42	556.34	30.88	50.03	307.14	497.57	5.40	8.75
11	6—512	砂浆抹面(壁、柱)	100m²	2.28	399.85	911.66	56.77	129.43	337.16	768.72	5.92	13.50
12	6—514	涂沥青(池顶)	100m²	1.70	342.63	582.47	7.10	12.07	335.53	570.40		
13	6—516	涂沥青(池壁)	100m²	1.95	403.72	787.25	8.65	16.87	395.07	770.39		
		合计				27694.27		5076.24		22058.29		558.04
		定额直接费				27694.27						

定额预（结）算表（直接费部分）与清单项目之间关系分析对照表

表 3-3

工程名称：　　　　第　页共　页

序号	项目编码	项目名称	清单主项在定额预（结）算表中的序号	清单综合的工程内容在定额预结算表中的序号
1	040506007001	现浇混凝土池底，圆形，混凝土垫层	6	5
2	040506008001	现浇混凝土池壁	7	无
3	040506009001	现浇混凝土池柱	8	无
4	040506011001	现浇混凝土池盖	9	无
5	040506029001	池底、池壁、池柱防水砂浆抹面，厚20mm	10+11	无
6	040506029002	池顶、池壁涂抹沥青	12+13	无
7	040101003001	挖基坑土方，人工挖土，深 4.0m，普通土	1	无
8	040103001001	填土夯实，普通土	3	无
9	040103001002	池顶覆土，厚度 0.3m，普通土	2	无

分部分项工程量清单计价表　　表 3-4

工程名称：　　第　页　共　页

序号	项目编码	项目名称	计量单位	工程数量	金额（元）	
					综合单价	合价
1	040506007001	现浇混凝土池底，圆形，混凝土垫层	m^3	17.1	427.58	7311.55
2	040506008001	现浇混凝土池壁	m^3	35.4	433.11	15332.20
3	040506009001	现浇混凝土池柱	m^3	6.1	443.87	2707.58
4	040506011001	现浇混凝土池盖	m^3	17.1	304.82	5212.47
5	040506029001	池底、池壁、池柱防水砂浆抹面，厚 20mm	m^2	389.5	5.35	2084.55
6	040506029002	池顶、池壁涂抹沥青	m^2	365	5.33	1945
7	040101003001	挖基坑土方，人工挖土，深 4.0m，普通土	m^3	1006	3.16	3183.08
8	040103001001	填土夯实，普通土	m^3	321	1.66	532.64
9	040103001002	池顶覆土，厚度 0.3m，普通土	m^3	95	0.60	57.04

分部分项工程量清单综合单价分析表　　表 3-5

工程名称：　　第　页　共　页

序号	项目编码	项目名称	定额编号	工程内容	单位	数量	其中（元）					综合单价	合价
							人工费	材料费	机械费	管理费	利润		
1	040506007001	现浇混凝土池底			m^3	17.1						427.58	7311.55
			6—458	圆形混凝土池底	$10m^3$	1.71	123.76	1833.97	49.14	682.51	160.59		2850.47×1.71
			6—394	混凝土垫层	$10m^3$	1.75	123.95	831.97	24.86	333.47	78.46		1392.71×1.75
2	040506008001	现浇混凝土池壁			m^3	35.4						433.11	15332.20
			6—469	现浇混凝土池壁	$10m^3$	3.54	310.28	2662.28	71.19	1043.88	243.5		4331.13×3.54
3	040506009001	现浇混凝土池柱			m^3	6.1						443.87	2707.58
			6—475	现浇混凝土池柱	$10m^3$	0.61	322.49	2722.85	80.47	1062.78	250.06		4438.65×0.61

续表

序号	项目编码	项目名称	定额编号	工程内容	单位	数量	其中（元）					综合单价	合价
							人工费	材料费	机械费	管理费	利润		
4	040506011001	现浇混凝土池盖			m^3	17.1						304.82	5212.47
			6－479	现浇混凝土池盖	$10m^3$	1.71	217.88	1866.10	62.66	729.86	171.73		3048.23 ×1.71
5	040506029001	防水砂浆抹面			m^2	389.5						5.35	2084.55
			6－509	池底防水砂浆抹面	$100m^2$	1.62	30.88	307.14	5.4	116.76	27.47		487.65 ×1.62
			6－512	池壁、池柱防水砂浆抹面	$100m^2$	2.28	56.77	337.16	5.92	135.95	31.99		567.79 ×2.28
6	040506029002	涂抹沥青			m^2	365						5.33	1945
			6－514	池顶涂沥青	$100m^2$	1.7	7.1	335.53	—	116.49	27.41		486.53 ×1.7
			6－516	池壁涂沥青	$100m^2$	1.95	8.65	395.07	—	137.26	32.30		573.28 ×1.95
7	040101003001	挖基坑土方			m^3	1006						3.16	3183.08
			1－21	人工挖基坑土方	$100m^3$	10.06	222.82	—	—	75.76	17.83		316.41 ×10.06
8	040103001001	填土夯实			m^3	321						1.66	532.64
			1－46	填土夯实	$100m^3$	3.21	116.66	0.19	—	39.73	9.35		165.93 ×3.21
9	040103001002	池顶覆土			m^3	95						0.60	57.04
			1－44	池顶覆土	$100m^3$	0.95	42.28	—	—	14.38	3.38		60.04 ×0.95

注：1. 管理费及利润以直接费为取费基数，其中管理费费率为34%，利润为8%，仅供参考。

2. 脚手架搭拆并入措施费项目，不再列入直接费项目，这里不再多列。

【例2】市政给水工程施工图预算编制实例

编 制 说 明

1．本预算根据××市市政道路消防管网“管道材料附属构筑物明细表”（表 3-6）和《全国市政工程预算定额湖北省统一基价表（一九九四年）》、《武汉地区建设工程材料预算价格一九九四年调整价格》编制。

2．本预算不包括土方工程费用。

3．铸铁管件重量详见《建筑材料手册》。

4．本预算按一般正常情况下施工考虑。

5．其他直接费包括冬雨季施工增加费、生产工具、用具使用费、检验试验费、工程定位、点交、场地清理费。

6．无探伤要求的供水管网属二类工程，间接费按二类工程费率执行。

7．劳动保险基金（按一级企业）、技术装备费、法定利润按国营企业标准执行。

8．未考虑开口材料（主要材料）价差和价差利息管理费。

9．定额计价方式下的工程预算表见表 3-7；工程量清单计价方式下，预算表与清单项目之间的关系分析对照表见表 3-8；分部分项工程量清单计价表见表 3-9；分部分项工程量清单综合单价分析表见表 3-10。

××市市政道路消防管网

管道材料、附属构筑物明细表　　　　**表 3-6**

序号	名　　称	规格	单位	数量	标准或图号
1	给水铸铁管	*DN*150mm	m	2051	
2	给水铸铁管	*DN*200mm	m	2638	
3	给水铸铁管	*DN*250mm	m	893	
4	给水铸铁管	*DN*300mm	m	121	
5	给水铸铁管	*DN*350mm	m	925	
6	自应力混凝土管	*DN*400mm	m	770	
7	自应力混凝土管	*DN*500mm	m	799	
8	自应力混凝土管	*DN*600mm	m	2778	
9	蝶阀	*DN*250mm	个	6	D34LX－10
10	蝶阀	*DN*300mm	个	2	D34LX－10
11	蝶阀	*DN*350mm	个	4	D34LX－10
12	蝶阀	*DN*400mm	个	4	D34LX－10
13	蝶阀	*DN*500mm	个	7	D34LX－10
14	蝶阀	*DN*600mm	个	13	D34LX－10
15	A 型对夹式蝶阀	*DN*150mm	个	16	D37LX－10
16	A 型对夹式蝶阀	*DN*200mm	个	16	D37LX－10
17	阀门井	井内径 1200mm	座	11	S143－17－7
18	阀门井	井内径 1400mm	座	11	S143－17－7

续表

序号	名 称	规格	单位	数量	标准或图号
19	阀门井	井内径 1600mm	座	2	S143－17－7
20	阀门井	井内径 1800mm	座	12	S143－17－7
21	阀门井	井内径 2000mm	座	6	S143－17－7
22	阀门井	井内径 2200mm	座	13	S143－17－7
23	消火栓	SS100	套	84	88S162－6
24	排气阀	干管直径 150mm	套	1	S146－8－4
25	排气阀	干管直径 250mm	套	1	S146－8－4
26	排气阀	干管直径 350mm	套	1	S146－8－4
27	排泥阀	干管直径 200mm	套	1	S146－8－7
28	排泥阀	干管直径 250mm	套	1	S146－8－7
29	排泥阀	干管直径 300mm	套	1	S146－8－7
30	排泥阀	干管直径 350mm	套	1	S146－8－7

说明：1. 给水铸铁管为石棉水泥接口；
2. 自应力混凝土管为胶圈接口；
3. 管道最大工作压力为 0.6MPa；
4. 消防管网至消火栓中心距离 25m；
5. 阀门井按最小井深计算。

市政工程预算书 表 3-7

建设单位：			工程名称：市政道路消防管网		共 页第 页			1994 年 9 月 日				
序号	定额编号	工程项目	工程量	单位	基价（元）				合计（元）			
					人工费	辅材费	主材费	机械费	人工费	辅材费	主材费	机械费
1	5－30	承插铸铁管安装 石棉水泥接口 *DN*150	205.1	10m	18.35	8.52	451.67	0.94	3764	1747	92638	193
2	5－31	承插铸铁管安装 石棉水泥接口 *DN*200	263.8	10m	29.30	11.38	604.11	0.94	7729	3002	159364	248
3	5－32	承插铸铁管安装 石棉水泥接口 *DN*250	89.3	10m	36.95	15.78	812.67	0.94	3300	1409	72571	84
4	5－33 换	承插铸铁管安装 石棉水泥接口 *DN*300	12.1	10m	38.98	23.75	1001.31	19.72	472	287	12116	239
5	5－34 换	承插铸铁管安装 石棉水泥接口 *DN*350	92.5	10m	48.54	28.92	1196.65	21.69	4490	2675	110690	2006
6	5－92	预应力混凝土管安装 胶圈接口 *DN*400	77	10m	42.42	22.05	1515.00	10.95	3266	1698	116678	843
7	5－93	预应力混凝土管安装 胶圈接口 *DN*500	79.9	10m	53.76	24.43	1752.45	13.69	4295	1952	140021	1094

续表

序号	定额编号	工程项目	工程量	单位	基价（元）				合计（元）			
建设单位：			工程名称：市政道路消防管网			共　页第　页			1994年9月　日			
					人工费	辅材费	主材费	机械费	人工费	辅材费	主材费	机械费
8	5－94	预应力混凝土管安装　胶圈接口 DN600	277.8	10m	65.87	33.17	2296.24	46.74	18299	9215	637895	12984
9	5－509加510	砖砌圆形阀门井　直筒式　井内径1.2m　井深1.63m	11	座	162.44	962.83	—	7.30	1787	10591	—	80
10	5－511	砖砌圆形阀门井　直筒式　井内径1.4m　井深1.88m	11	座	247.67	1336.76	—	13.31	2724	14704	—	146
11	5－511加512	砖砌圆形阀门井　直筒式　井内径1.6m　井深2.05m	2	座	261.05	1386.90	—	13.31	522	2774	—	27
12	5－513	砖砌圆形阀门井　直筒式　井内径1.8m　井深2.43m	12	座	380.54	1867.83	—	16.16	4566	22414	—	194
13	5－513加514×2	砖砌圆形阀门井　直筒式　井内径2m　井深2.74m	6	座	410.36	1989.71	—	16.16	2462	11938	—	97
14	5－515减516	砖砌圆形阀门井　直筒式　井内径2.2m　井深3.18m	13	座	508.84	2604.46	—	23.47	6615	33858	—	305
15	5－101	管道试压　DN200内	46.89	100m	46.50	28.87	—	10.90	2180	1354	—	511
16	5－102	管道试压　DN300内	10.14	100m	55.16	33.66	—	11.15	559	341	—	113
17	5－103	管道试压　DN400内	16.95	100m	68.16	51.89	—	14.09	1155	880	—	239
18	5－104	管道试压　DN500内	7.99	100m	81.15	62.42	—	14.33	648	499	—	114
19	5－105	管道试压　DN600内	27.78	100m	97.84	76.35	—	16.72	2718	2121	—	464
20	5－117	管道消毒冲洗　DN200内	46.89	100m	24.46	8.67	—	—	1147	407	—	—
21	5－118	管道消毒冲洗　DN300内	10.14	100m	28.92	16.76	—	—	293	170	—	—
22	5－119	管道消毒冲洗　DN400内	16.95	100m	32.23	29.91	—	—	546	507	—	—
23	5－120	管道消毒冲洗　DN500内	7.99	100m	36.18	46.30	—	—	289	370	—	—
24	5－121	管道消毒冲洗　DN600内	27.78	100m	42.55	67.03	—	—	1182	1862	—	—

续表

建设单位：			工程名称：市政道路消防管网				共 页第 页		1994年9月 日			
序号	定额编号	工程项目	工程量	单位	基价（元）				合计（元）			
					人工费	辅材费	主材费	机械费	人工费	辅材费	主材费	机械费
25	8—292	焊接法兰阀门安装 DN250蝶阀	6	个	28.03	26.58	2134.62	28.01	168	159	12808	168
26	8—293	焊接法兰阀门安装 DN300蝶阀	2	个	34.53	31.14	2632.34	33.81	69	62	5265	68
27	8—294	焊接法兰阀门安装 DN350蝶阀	4	个	36.95	42.18	3440.94	37.65	148	169	13764	151
28	8—295	焊接法兰阀门安装 DN400蝶阀	4	个	39.88	388.81	4589.74	44.11	160	1555	18359	176
29	8—297	焊接法兰阀门安装 DN500蝶阀	7	个	46.76	462.69	6442.12	52.34	327	3239	45095	366
30	8—298	焊接法兰阀门安装 DN600蝶阀	13	个	61.79	474.43	8600.60	169.44	803	6168	111808	2203
31	8—290	焊接法兰阀门安装 DN150A型对夹式蝶阀	16	个	12.87	11.91	673.98	9.67	206	191	10784	155
32	8—291	焊接法兰阀门安装 DN200A型对夹式蝶阀	16	个	22.04	18.17	1259.56	17.41	353	291	20153	279
33	工程量计算规则第四条	法兰阀门安装用螺栓	197.95	kg	—	7.24	—	—	—	1433	—	—
		消火栓										
34	安装定额 8—129换	室外消火栓安装 地上式	84	组	18.98	76.13	760.96	—	1594	6395	63921	—
35	5—497 加498	砖砌圆形阀门 收口式井 内径1.2m井深1.63m	84	座	130.46	820.08	—	4.87	10959	68887	—	409
36	8—289	焊接法兰阀门安装 DN100E45T—10	84	个	10.32	7.43	328.57	7.74	867	624	27600	650
37	5—531	混凝土支墩无筋	0.134	10m³	591.90	2320.12	—	143.77	79	311	—	19
38	5—29	承插铸铁管安装 石棉水泥接口DN100	210	10m	14.78	6.44	301.69	0.94	3104	1352	63355	197
39	5—329	承插铸铁管件安装 DN100短管甲	84	个	5.86	2.87	35.05	—	492	241	2944	—
40	5—329	承插铸铁管件安装 DN100短管乙	84	个	5.86	2.87	42.67	—	492	241	3584	—

续表

序号	定额编号	工程项目	工程量	单位	基价（元）人工费	基价（元）辅材费	基价（元）主材费	基价（元）机械费	合计（元）人工费	合计（元）辅材费	合计（元）主材费	合计（元）机械费
建设单位：			工程名称：市政道路消防管网				共　页第　页		1994年9月　日			
41	工程量计算规则第四条	法兰阀门安装用螺栓	134.4	kg	—	7.24	—	—	—	973	—	—
42	5—100	管道试压 *DN*100	21	100m	31.21	21.97	—	7.96	655	461	—	167
43	5—116	管道消毒冲洗 *DN*100	21	100m	18.47	3.08	—	—	388	65	—	—
		排气阀										
44	8—333换	排气阀安装　*DN*16	1	个	3.06	1.61	97.22	2.71	3	2	97	3
45	8—333	排气阀安装　*DN*20	1	个	3.06	1.61	97.22	2.71	3	2	97	3
46	8—333换	排气阀安装　*DN*25	1	个	3.06	1.61	107.46	2.71	3	2	107	3
47	5—509加510×2	砖砌圆形阀门井　直筒式井内径1.2m井　深1.74m	1	座	174.93	1001.79	—	7.30	175	1002	—	7
48	5—509加510×2	砖砌圆形阀门井　直筒式井内径1.2m　井深1.87m	1	座	174.93	1001.79	—	7.30	175	1002	—	7
49	5—509加510×3	砖砌圆形阀门井　直筒式井内径1.2m　井深2m	1	座	187.42	1040.75	—	7.30	187	1041	—	7
50	5—330换	铸铁排气三通安装石棉水泥接口两个口150mm×75mm	1	个	7.90	7.91	92.81	—	8	8	93	—
51	5—332换	铸铁排气三通安装石棉水泥接口两个口250mm×75mm	1	个	12.87	15.04	150.03	—	13	15	150	—
52	5—334换	铸铁排气三通安装　石棉水泥接口两个口350mm×75mm	1	个	18.47	22.63	243.69	5.92	18	23	244	6
		排泥阀										
53	8—288	法兰闸阀安装　*DN*75	3	个	8.15	5.85	241.13	6.58	24	18	723	20
54	工程量计算规则第四条	法兰阀门安装用螺栓	4.80	kg	—	7.24	—	—	—	35	—	—
55	8—288	法兰闸阀安装　*DN*75	4	个	8.15	5.85	241.13	6.58	33	23	965	26

续表

建设单位：			工程名称：市政道路消防管网		共　页第　页				1994年9月　日			
序号	定额编号	工程项目	工程量	单位	基价（元）				合计（元）			
					人工费	辅材费	主材费	机械费	人工费	辅材费	主材费	机械费
56	5－28	铸铁承插排泥管安装　石棉水泥接口 *DN*75	1.8	10m	14.52	5.10	254.80	0.94	26	9	459	2
57	5－497 加 498	砖砌圆形阀门井　收口式 井内径 1.2m　井深 1.63m	4	座	130.46	820.08	—	4.87	522	3280	—	19
58	5－509 加 510	砖砌圆形湿井　直筒式　井内径 0.7m　井深 1.63m	4	座	162.44	962.83	—	7.30	650	3851	—	29
59	5－331 换	铸铁排泥三通安装　石棉水泥接口两个口 200mm×75mm	1	个	10.06	10.70	122.34	—	10	11	122	—
60	5－332 换	铸铁排泥三通安装　石棉水泥接口两个口 250mm×75mm	1	个	12.87	15.04	150.03	—	13	15	150	—
61	5－333 换	铸铁排泥三通安装　石棉水泥接口两个口 300mm×75mm	1	个	15.54	17.72	187.32	5.92	16	18	187	6
62	5－334 换	铸铁排泥三通安装　石棉水泥接口两个口 350mm×75mm	1	个	18.47	22.63	243.69	5.92	18	23	244	6
63	工程量计算规则第四条	法兰阀门安装用螺栓	6.4	kg	—	7.24	—	—	—	46	—	—
64	5－100	管道试压 *DN*100 内	0.18	100m	31.21	21.97	—	7.96	6	4	—	1
65	5－116	管道消毒冲洗 *DN*100 内	0.18	100m	18.47	3.08	—	—	3	1	—	—

市政道路消防管网工程价格计算程序表

①定额直接费　　2097986(元)

人工费 97778＋辅材费 230023＋主材费 1745051＋机械费 25134＝2097986

定额工日$=\frac{97778}{12.74}=7675$(工日)

②其他直接费　　9.24×7675×25.3％＝17942(元)

③流动施工津贴　　3.50×7675×24％＝6447(元)

④直接费小计　　①＋②＋③＝2122375(元)

二类工程　流动资金贷款利息

⑤施工管理费　　9.24×7675×(102.3％＋3.61％)＝75108(元)

⑥临时设施费　　9.24×7675×17％＝12056(元)

鄂建〔1994〕101 号文

⑦劳动保险基金　　9.24×7675×47％＝33331(元)

⑧间接费小计　　⑤＋⑥＋⑦＝120495(元)

⑨直接费与间接费之和　　④＋⑧＝2242870(元)

⑩技术装备费　　9.24×7675×30％＝21275(元)

⑪法定利润　　9.24×7675×25％＝17729(元)

⑫不含税工程造价　　⑨＋⑩＋⑪＝2281874(元)

武定额字〔1994〕29 号文

⑬营业税、副食品价格基金　　⑫×(3.44％＋0.1％)＝80778(元)

⑭含税工程造价　　⑫＋⑬＝2362652(元)

定额预(结)算表(直接费部分)与清单项目之间关系分析对照表　**表 3-8**

工程名称：　　　　第　页共　页

序号	项目编码	项目名称	清单主项在定额预(结)算表中的序号	清单综合的工程内容在定额预结算表中的序号
1	040501004001	承插铸铁管，石棉水泥接口，*DN*100mm，管道试压、冲洗、消毒	38	42＋43
2	040501004002	承插铸铁管，石棉水泥接口，*DN*150mm，管道试压、冲洗、消毒	1	15＋20
3	040501004003	承插铸铁管，石棉水泥接口，*DN*200mm，管道试压、冲洗、消毒	2	15＋20
4	040501004004	承插铸铁管，石棉水泥接口，*DN*250mm，管道试压、冲洗、消毒	3	16＋21
5	040501004005	承插铸铁管，石棉水泥接口，*DN*300mm，管道试压、冲洗、消毒	4	16＋21
6	040501004006	承插铸铁管，石棉水泥接口，*DN*350mm，管道试压、冲洗、消毒	5	17＋22

续表

序号	项目编码	项目名称	清单主项在定额预（结）算表中的序号	清单综合的工程内容在定额预结算表中的序号
7	040501002001	预应力混凝土管，胶圈接口，*DN*400mm，管道试压、冲洗、消毒	6	17＋22
8	040501002002	预应力混凝土管，胶圈接口，*DN*500mm，管道试压、冲洗、消毒	7	18＋23
9	040501002003	预应力混凝土管，胶圈接口，*DN*600mm，管道试压、冲洗、消毒	8	19＋24
10	04050104007	承插铸铁管，石棉水泥接口，*DN*75mm，管道试压、冲洗、消毒	56	64＋65
11	040504004001	阀门井，砖砌圆形，直筒式，井内径1.2m，井深1.63m	9	无
12	040504004002	阀门井，砖砌圆形，直筒式，井内径1.4m，井深1.88m	10	无
13	040504004003	阀门井，砖砌圆形，直筒式，井内径1.6m，井深2.05m	11	无
14	040504004004	阀门井，砖砌圆形，直筒式，井内径1.8m，井深2.43m	12	无
15	040504004005	阀门井，砖砌圆形，直筒式，井内径2m，井深2.74m	13	无
16	040504004006	阀门井，砖砌圆形，直筒式，井内径2.2m，井深3.18m	14	无
17	040504004007	阀门井，砖砌圆形，收口式，井内径1.2m，井深1.63m	35＋57	无
18	040504004008	阀门井，砖砌圆形，直筒式，井内径0.7m，井深1.63m	58	无
19	040504004009	阀门井，砖砌圆形，直筒式，井内径1.2m，井深1.74m	47	无
20	040504004010	阀门井，砖砌圆形，直筒式，井内径1.2m，井深1.87m	48	无
21	040504004011	阀门井，砖砌圆形，直筒式，井内径1.2m，井深2m	49	无
22	040503003001	室外消火栓，地上式，SS100	34	无
23	040502002001	铸铁排泥三通安装，石棉水泥接口，两个口，200mm×75mm	59	无
24	040502002002	铸铁排泥三通安装，石棉水泥接口，两个口，250mm×75mm	60	无

续表

序号	项目编码	项目名称	清单主项在定额预（结）算表中的序号	清单综合的工程内容在定额预结算表中的序号
25	040502002003	铸铁排泥三通安装，石棉水泥接口，两个口，300mm×75mm	61	无
26	040502002004	铸铁排泥三通安装，石棉水泥接口，两个口，350mm×75mm	62	无
27	040502002005	铸铁排气三通安装，石棉水泥接口，两个口，150mm×75mm	50	无
28	040502002006	铸铁排气三通安装，石棉水泥接口，两个口，250mm×75mm	51	无
29	040502002007	铸铁排气三通安装，石棉水泥接口，两个口，350mm×75mm	52	无
30	040503001001	排气阀安装，*DN*16mm	44	无
31	040503001002	排气阀安装，*DN*20mm	45	无
32	040503001003	排气阀安装，*DN*25mm	46	无
33	040503001004	法兰闸阀安装，*DN*75mm	53＋55	无
34	040503001005	焊接法兰阀门安装，蝶阀，*DN*250mm	25	无
35	040503001006	焊接法兰阀门安装，蝶阀，*DN*300mm	26	无
36	040503001007	焊接法兰阀门安装，蝶阀，*DN*350mm	27	无
37	040503001008	焊接法兰阀门安装，蝶阀，*DN*400mm	28	无
38	040503001009	焊接法兰阀门安装，蝶阀，*DN*500mm	29	无
39	040503001010	焊接法兰阀门安装，蝶阀，*DN*600mm	30	无
40	040503001011	焊接法兰阀门安装，A形对夹式蝶阀，*DN*150	31	无
41	040503001012	焊接法兰阀门安装，A形对夹式蝶阀，*DN*200	32	无
42	040503001013	焊接法兰阀门安装，E45T-10，*DN*100	36	无
43	040502002008	承插铸铁管件安装，短管甲，*DN*100	39	无
44	040502002009	承插铸铁管件安装，短管乙，*DN*100	40	无
45	040504007001	混凝土支墩，无筋	37	无

分部分项工程量清单计价表　　**表 3-9**

工程名称：　　　　第　页　共　页

序号	项目编码	项目名称	计量单位	工程数量	金额（元）	
					综合单价	合价
1	040501004001	承插铸铁管，石棉水泥接口，*DN*100，管道试压、冲洗、消毒	m	2100	47.16	99040.62
2	040501004002	承插铸铁管，石棉水泥接口，*DN*150，管道试压、冲洗、消毒	m	2051	69.78	143121.65
3	040501004003	承插铸铁管，石棉水泥接口，*DN*200，管道试压、冲洗、消毒	m	2638	93.39	246361.50
4	040501004004	承插铸铁管，石棉水泥接口，*DN*250，管道试压、冲洗、消毒	m	893	125.09	111703.76
5	040501004005	承插铸铁管，石棉水泥接口，*DN*300，管道试压、冲洗、消毒	m	121	155.96	18871.43
6	040501004006	承插铸铁管，石棉水泥接口，*DN*350，管道试压、冲洗、消毒	m	925	186.79	172781.86
7	040501002001	预应力混凝土管，胶圈接口，*DN*400，管道试压、冲洗、消毒	m	770	228.63	176042.17
8	040501002002	预应力混凝土管，胶圈接口，*DN*500，管道试压、冲洗、消毒	m	799	265.31	211981.41
9	040501002003	预应力混凝土管，胶圈接口，*DN*600，管道试压、冲洗、消毒	m	2778	351.03	975172.45
10	040501004007	承插铸铁管，石棉水泥接口，*DN*75，管道试压、冲洗、消毒	m	18	40.28	724.95
11	040504004001	阀门井，砖砌圆形，直筒式，井内径 1.2m，井深 1.63m	座	11	1608.25	17690.75
12	040504004002	阀门井，砖砌圆形，直筒式，井内径 1.4m，井深 1.88m	座	11	2268.79	24956.70
13	040504004003	阀门井，砖砌圆形，直筒式，井内径 1.6m，井深 2.05m	座	2	2358.99	4717.98
14	040504004004	阀门井，砖砌圆形，直筒式，井内径 1.8m，井深 2.43m	座	12	3215.63	38587.59
15	040504004005	阀门井，砖砌圆形，直筒式，井内径 2m，井深 2.74m	座	6	3431.05	20586.3
16	040504004006	阀门井，砖砌圆形，直筒式，井内径 2.2m，井深 3.18m	座	13	4454.21	57904.77
17	040504004007	阀门井，砖砌圆形，收口式，井内径 1.2m，井深 1.63m	座	88	1356.68	119387.84
18	040504004008	排泥湿井，砖砌圆形，直筒式，井内径 0.7m，井深 1.63m	座	4	1608.25	6433.00
19	040504004009	阀门井，砖砌圆形，直筒式，井内径 1.2m，井深 1.74m	座	1	1681.31	1681.31

续表

序号	项目编码	项 目 名 称	计量单位	工程数量	金额（元）	
					综合单价	合价
20	040504004010	阀门井，砖砌圆形，直筒式，井内径 1.2m，井深 1.87m	座	1	1681.31	1681.31
21	040504004011	阀门井，砖砌圆形，直筒式，井内径 1.2m，井深 2m	座	1	1754.37	1754.37
22	040503003001	室外消火栓，地上式，SS100	个	84	1215.63	102112.92
23	040502002001	铸铁排泥三通安装，石棉水泥接口，两个口，200mm×75mm	个	1	203.21	203.21
24	040502002002	铸铁排泥三通安装，石棉水泥接口，两个口，250mm×75mm	个	1	252.67	252.67
25	040502002003	铸铁排泥三通安装，石棉水泥接口，两个口，300mm×75mm	个	1	321.63	321.63
26	040502002004	铸铁排泥三通安装，石棉水泥接口，两个口，350mm×75mm	个	1	412.81	412.81
27	040502002005	铸铁排气三通安装，石棉水泥接口，两个口，150mm×75mm	个	1	154.24	154.24
28	040502002006	铸铁排气三通安装，石棉水泥接口，两个口，250mm×75mm	个	1	252.67	252.67
29	040502002007	铸铁排气三通安装，石棉水泥接口，两个口，350mm×75mm	个	1	412.81	412.81
30	040503001001	排气阀安装，*DN*16	个	1	148.53	148.53
31	040503001002	排气阀安装，*DN*20	个	1	148.53	148.53
32	040503001003	排气阀安装，*DN*25	个	1	163.08	163.08
33	040503001004	法兰闸阀安装，*DN*75	个	7	371.63	2601.43
34	040503001005	焊接法兰阀门安装，蝶阀，*DN*250	个	6	3148.48	18890.88
35	040503001006	焊接法兰阀门安装，蝶阀，*DN*300	个	2	3879.18	7758.37
36	040503001007	焊接法兰阀门安装，蝶阀，*DN*350	个	4	5051.96	20207.85
37	040503001008	焊接法兰阀门安装，蝶阀，*DN*400	个	4	7188.81	28755.23
38	040503001009	焊接法兰阀门安装，蝶阀，*DN*500	个	7	9945.55	69618.87
39	040503001010	焊接法兰阀门安装，蝶阀，*DN*600	个	13	13214.89	171793.58
40	040503001011	焊接法兰阀门安装，A形对夹式蝶阀，*DN*150	个	16	494.77	7916.32

续表

序号	项目编码	项目名称	计量单位	工程数量	金额（元）	
					综合单价	合价
41	040503001012	焊接法兰阀门安装，A形对夹式蝶阀，*DN*200	个	16	1870.39	29926.24
42	040503001013	焊接法兰阀门安装，E45T—10，*DN*100	个	84	502.76	42231.84
43	040502002008	承插铸铁管件安装，短管甲，*DN*100	个	84	62.17	5222.28
44	040502002009	承插铸铁管件安装，短管乙，*DN*100	个	84	72.99	6131.16
45	040504007001	混凝土支墩，无筋	m^3	1.34	433.92	581.46

分部分项工程量清单综合单价分析表 **表 3-10**

工程名称： 第 页 共 页

序号	项目编码	项目名称	定额编号	工程内容	单位	数量	其中（元）					综合单价	合价
							人工费	材料费	机械费	管理费	利润		
1	040501004001	承插铸铁管 *DN*100mm			m	2100						47.16	99040.62
			5—29	承插铸铁管安装 *DN*100	10m	210	14.78	6.44	0.94	7.53	1.77		31.48 ×210
				承插铸铁管 *DN*100	10m	210	—	301.69	—	102.57	24.14		428.4 ×210
			5—100	管道试压 *DN*100	100m	21	31.21	21.97	7.96	20.79	4.89		86.82 ×21
			5—116	管道消毒冲洗 *DN*100	100m	21	18.47	3.08	—	7.33	1.72		30.6 ×21
2	040501004002	承插铸铁管 *DN*150			m	2051						69.78	143121.65
			5—30	承插铸铁管安装 *DN*150	10m	205.1	18.35	8.52	0.94	9.46	2.22		39.49 ×205.1
				承插铸铁管 *DN*150	10m	205.1	—	451.67	—	153.57	36.13		641.37 ×205.1
			5—101	管道试压 *DN*150	100m	20.51	46.50	28.87	10.90	29.33	6.90		122.5 ×20.51
			5—117	管道消毒冲洗 *DN*150	100m	20.51	24.46	8.67	—	11.26	2.65		47.04 ×20.51

续表

序号	项目编码	项目名称	定额编号	工程内容	单位	数量	其中（元）					综合单价	合价
							人工费	材料费	机械费	管理费	利润		
7	040501002001	预应力混凝土管 *DN*400			m	770						228.63	176042.17
			5－92	预应力混凝土管安装	10m	77	42.42	22.05	10.95	25.64	6.03		107.09×77
				预应力混凝土管	10m	77	—	1515.00	—	515.1	121.2		2151.3×77
			5－103	管道试压，*DN*400	100m	7.7	68.16	51.89	14.09	45.61	10.73		190.48×7.7
			5－119	管道消毒冲洗，*DN*400	100m	7.7	32.23	29.91	—	21.13	4.97		88.24×7.7
11	040504004001	阀门井(砖砌圆形直筒式)			座	11						1608.25	17690.75
			5－509＋5－510	阀门井(内径1.2m，深1.63m	座	11	162.44	962.83	7.30	385.07	90.61		1608.25×11
17	040504004007	阀门井(砖砌圆形收口式)			座	88						1356.68	119387.84
			5－497＋5－498	阀门井(内径1.2m，深1.63m)	座	88	130.46	820.08	4.87	324.84	76.43		1356.68×88
22	040503003001	消火栓			个	84						1215.63	102112.92
			8－129	室外消火栓地上式	组	84	18.98	76.13	—	32.34	7.61		135.06×84
				地上式消火栓	个	84	—	760.96	—	258.73	60.88		1080.57×84
23	040502002001	铸铁排泥安装(石棉水泥接口)			个	1						203.21	203.21
			5－331	铸铁排泥三通(200mm×75mm)	个	1	10.06	10.70	—	7.06	1.66		29.48×1
				铸铁排泥三通(200mm×75mm)	个	1	—	122.34	—	41.60	9.79		173.73×1
27	040502002005	铸铁排气三通安装(石棉水泥接口)			个	1						154.24	154.24

续表

序号	项目编码	项目名称	定额编号	工程内容	单位	数量	其中（元）					综合单价	合价
							人工费	材料费	机械费	管理费	利润		
			5－330	铸铁排气三通安装两个口，150mm×75mm	个	1	7.90	7.91	—	5.38	1.26		22.45×1
				铸铁排气三通150mm×75mm	个	1	—	92.81	—	31.56	7.42		131.79×1
30	040503001001	排气阀安装			个	1						148.53	148.53
			8－333	排气阀安装DN16	个	1	3.06	1.61	2.71	2.51	0.59		10.48×1
				排气阀DN16	个	1	—	97.22	—	33.05	7.78		138.05×1
31	040503001002	排气阀安装			个	1						148.53	148.53
			8－333	排气阀安装DN20	个	1	3.06	1.61	2.71	2.51	0.59		10.48×1
				排气阀DN20	个	1	—	97.22	—	33.05	7.78		138.05×1
32	040503001003	排气阀安装			个	1						163.08	163.08
			8－333	排气阀安装DN25	个	1	3.06	1.61	2.71	2.51	0.59		10.48×1
				排气阀DN25	个	1	—	107.46	—	36.54	8.60		152.6×1
33	040503001004	法兰闸阀安装			个	7						371.63	2601.43
			8－288	法兰闸阀安装DN75	个	7	8.15	5.85	6.58	7.00	1.65		29.23×7
				法兰闸阀DN75	个	7	—	153.51	—	52.19	12.28		217.98×7
				碳钢法兰DN75	副	7	—	87.62	—	29.79	7.01		124.42×7
34	040503001005	焊接法兰阀门安装			个	6						3148.48	18890.88
			8－292	蝶阀DN250	个	6	28.03	26.58	28.01	28.09	6.61		117.32×6
				蝶阀DN250	个	6	—	1809	—	615.06	144.72		2568.78×6
				碳钢法兰DN250	副	6	—	325.62	—	110.71	26.05		462.38×6
40	040503001011	焊接法兰阀门安装			个	16						494.77	7916.32
			8－290	A形对夹式蝶阀DN150	个	16	12.87	11.91	9.67	11.71	2.76		48.92×16

续表

序号	项目编码	项目名称	定额编号	工程内容	单位	数量	其中（元）					综合单价	合价
							人工费	材料费	机械费	管理费	利润		
				A形对夹式蝶阀 *DN*150	个	16	—	150	—	51	12		213×16
				碳钢法兰 *DN*150	副	16	—	163.98	—	55.75	13.12		232.85×16
41	040503001012	焊接法兰阀门安装			个	16						1870.39	29926.24
			8－291	A形对夹式蝶阀 *DN*200	个	16	22.04	18.17	17.41	19.59	4.61		81.82×16
				A形对夹式蝶阀 *DN*200	个	16	—	1050	—	357	84		1491×16
				碳钢法兰 *DN*200	副	16	—	209.56	—	71.25	16.76		297.57×16
42	040503001013	焊接法兰阀门安装			个	84						502.76	42231.84
			8－289	法兰阀门 *DN*100	个	84	10.32	7.43	7.74	8.67	2.04		36.2×84
				法兰闸阀 *DN*100	个	84	—	214.91	—	73.07	17.19		305.17×84
				碳钢法兰 *DN*200	副	84	—	113.66	—	38.64	9.09		161.39×84
43	040502002008	承插铸铁管件安装			个	84						62.17	5222.28
			5－329	铸铁短管甲安装 *DN*100	个	84	5.86	2.87	—	2.97	0.70		12.4×84
				铸铁短管甲 *DN*100	件	84	—	35.05	—	11.92	2.80		49.77×84
44	040502002009	承插铸铁管件安装			个	84						72.99	6131.16
			5－329	铸铁短管乙安装 *DN*100	个	84	5.86	2.87	—	2.97	0.70		12.4×84
				铸铁短管乙 *DN*100	件	84	—	42.67	—	14.51	3.41		60.59×84
45	040504007001	混凝土支墩			m^3	1.34						433.92	581.46
			5－531	混凝土支墩（无筋）	$10m^3$	0.134	591.90	2320.12	143.77	1038.97	244.46		4339.22×0.134

注：管理费及利润以直接费为取费基数，其中管理费费率为34%，利润为8%，仅供参考。

分析依据：安装定额 8－219 换

工程项目	单位
室外消火栓安装地上式	组

施工图预算分析表

建设单位：

工程名称：市政道路消防管网

表 3-11

序号	工料名称	说明	单位	数量	单价	合价
1	人工合计	1.45×1.027	工日	1.49	12.74	18.98
2	地上式消火栓	SS100	个	1	760.96	760.96
3	消火栓底座（带弯头）	*DN*100	个	1	57.32	57.32
4	精制六角带帽带垫螺栓	M16×65—80	套	8.24	1.40	11.54
5	石棉橡胶板低压	d=0.8～6	kg	0.35	7.78	2.72
6	石棉绒综合价		kg	0.25	8.28	2.07
7	油麻		kg	0.12	2.64	0.32
8	普通硅酸盐水泥	42.5 级	kg	0.57	0.27	0.15
9	电石		kg	0.11	1.82	0.20
10	氧气		m^3	0.03	3.45	0.10
11	黑玛钢丝堵（堵头）	*DN*15	个	1	0.41	0.41
12	其他材料费		元	1.30		1.30
	人工费		元			18.98
	主材费		元			760.96
	辅材费		元			76.13

分析依据：5—33 换

工程项目	单位
承插铸铁管安装 石棉水泥接口 *DN*300	10m

施工图预算分析表

建设单位：

工程名称：市政道路消防管网

表 3-12

序号	工料名称	说明	单位	数量	单价	合价
1	人工合计	2.80+2.80×37%×0.25	工日	3.06	12.74	38.98
2	承插铸铁管 *DN*300	396.56（元/根）/4（m/根）	m	10.10	99.14	1,001.31
3	水泥	3.52×1.25	kg	4.40	0.24	1.06
4	氧气	0.24×1.25	m^3	0.30	3.45	1.04
5	电石	1.20×1.25	kg	1.50	1.82	2.73
6	石棉绒（3 级）	1.52×1.25	kg	1.90	8.28	15.73
7	油麻	0.72×1.25	kg	0.90	2.64	2.38
8	其他材料费		元	0.81		0.81
9	汽车起重机 5t		台班	0.06	197.19	11.83
10	载重汽车 4t		台班	0.04	173.72	6.95
11	其他机械费		元	0.94		0.94
	人工费		元			38.98
	主材费		元			1,001.31
	辅材费		元			23.75
	机械费		元			19.72

分析依据：　5—34 换

工程项目	单位
承插铸铁管安装 石棉水泥接口 *DN*350	10m

施工图预算分析表

建设单位：

工程名称：市政道路消防管网

表 3-13

序号	工料名称	说明	单位	数量	单价	合价
1	人工合计	3.49+3.49×37%×0.25	工日	3.81	12.74	48.54
2	承插铸铁管 *DN*350	473.91（元/根）/k（m/根）	m	10.10	118.48	1,196.65
3	水泥	4.32×1.25	m	5.40	0.24	1.30
4	氧气	0.39×1.25	m^3	0.49	3.45	1.69
5	电石	1.29×1.25	kg	1.61	1.82	2.93
6	石棉绒（3 级）	1.86×1.25	kg	2.33	8.28	19.29
7	油麻	0.88×1.25	kg	1.10	2.64	2.90
8	其他材料费		元	0.81		0.81
9	汽车式起重机 5t		台班	0.07	197.19	13.80
10	载重汽车 4t		台班	0.04	173.72	6.95
11	其他机械费		元	0.94		0.94
	人工费		元			48.54
	主材费		元			1,196.65
	辅材费		元			28.92
	机械费		元			21.69

分析依据：　5—330 换

工程项目	单位
铸铁排气三通安装 石棉水泥接口两个口 *DN*150	个

施工图预算分析表

建设单位：

工程名称：市政道路消防管网

表 3-14

序号	工料名称	说明	单位	数量	单价	合价
1	人工合计		工日	0.62	12.74	7.90
2	铸铁排气三通	150mm×75mm	个	1.00	92.81	92.81
3	石棉绒（3 级）	0.34×2	kg	0.68	8.28	5.63
4	水泥	0.80×2	kg	1.60	0.24	0.38
5	油麻	0.17×2	kg	0.34	2.64	0.90
6	氧气	0.06×2	m^3	0.12	3.45	0.41
7	电石	0.15×2	m^3	0.30	1.82	0.55
8	其他材料费		元	0.04		0.04
	人工费					7.90
	主材费					92.81
	辅材费					7.91

分析依据： 5—331 换

工程项目	单位
铸铁排泥三通安装 石棉水泥接口两个口 $DN200$	个

施工图预算分析表

建设单位：

工程名称：市政道路消防管网

表 3-15

序号	工料名称	说明	单位	数量	单价	合价
1	人工合计		工日	0.79	12.74	10.06
2	铸铁排泥三通	200mm×75mm	个	1.00	122.34	122.34
3	石棉绒（3 级）	0.45×2	kg	0.90	8.28	7.45
4	水泥	1.04×2	kg	2.08	0.24	0.50
5	油麻	0.22×2	kg	0.44	2.64	1.16
6	氧气	0.08×2	m^3	0.16	3.45	0.55
7	电石	0.27×2	kg	0.54	1.82	0.98
8	其他材料费		元	0.06		0.06
	人工费					10.06
	主材费					122.34
	辅材费					10.70

分析依据： 5—332 换

工程项目	单位
铸铁排气排泥三通安装石棉水泥接口两个口 $DN250$	个

施工图预算分析表

建设单位：

工程名称：市政道路消防管网

表 3-16

序号	工料名称	说明	单位	数量	单价	合价
1	人工合计		工日	1.01	12.74	12.87
2	铸铁排气排泥三通 250mm×75mm	1657.74 元/t ×0.0905t/个	个	1.00	150.03	150.03
3	石棉绒（3 级）	0.65×2	kg	1.30	8.28	10.76
4	水泥	1.52×2	kg	3.04	0.24	0.73
5	油麻	0.30×2	kg	0.60	2.64	1.58
6	氧气	0.10×2	m^3	0.20	3.45	0.09
7	电石	0.33×2	m^3	0.66	1.82	1.20
8	其他材料费		元	0.08		0.08
	人工费					12.87
	主材费					150.03
	辅材费					15.04

分析依据：5—333 换

工程项目	单位
铸铁排泥三通安装 石棉水泥接口两个 *DN*300	个

施工图预算分析表

建设单位：

工程名称：市政道路消防管网

表 3-17

序号	工料名称	说明	单位	数量	单价	合价
1	人工合计		工日	1.22	12.74	15.54
2	铸铁排泥三通 300mm×75mm	1657.74 元/t ×0.113t/个	个	1.00	187.32	187.32
3	石棉绒（3 级）	0.76×2	kg	1.52	8.28	12.59
4	水泥	1.76×2	kg	3.52	0.24	0.84
5	油麻	0.36×2	kg	0.72	2.64	1.90
6	氧气	0.12×2	m^3	0.24	3.45	0.83
7	电石	0.40×2	kg	0.80	1.82	1.46
8	其他材料费		元	0.10		0.10
9	汽车式起重机 5t		台班	0.03	197.19	5.92
	人工费					15.54
	主材费					187.32
	辅材费					17.72
	机械费					5.92

分析依据：5—334 换

工程项目	单位
铸铁排气排泥三通安装 石棉水泥接口两个口 *DN*350	个

施工图预算分析表

建设单位：

工程名称：市政道路消防管网

表 3-18

序号	工料名称	说明	单位	数量	单价	合价
1	人工合计		工日	1.45	12.74	18.47
2	铸铁排气（排泥）三通 350mm×75mm	1657.74 元/t ×0.147t/个	个	1.00	243.69	243.69
3	石棉绒（3 级）	0.93×2	kg	1.86	8.28	15.40
4	水泥	2.16×2	kg	4.32	0.24	1.04
5	油麻	0.44×2	kg	0.88	2.64	2.32
6	氧气	0.20×2	m^3	0.40	3.45	1.38
7	电石	0.65×2	kg	1.30	1.82	2.37
8	其他材料费		元	0.12		0.12
9	汽车式起重机 5t		台班	0.03	197.19	5.92
	人工费					18.47
	主材费					243.69
	辅材费					22.63
	机械费					5.92

主材费计算表 **表 3-19**

定额编号	主材名称	定额单位	主材费计算式
5—30	承插铸铁管 *DN*150	10mm	$\frac{178.88}{4}\times10.10=451.67$ 元
5—31	承插铸铁管 *DN*200	10m	$\frac{239.25}{4}\times10.10=604.11$ 元
5—32	承插铸铁管 *DN*250	10m	$\frac{321.85}{4}\times10.10=812.67$ 元
5—92	预应力混凝土管 *DN*400	10m	150.03×10.10=1515.30 元
5—93	预应力混凝土管 *DN*500	10m	173.51×10.10=1752.45 元
5—94	预应力混凝土管 *DN*600	10m	227.35×10.10=2296.24 元
8—292	蝶阀 *DN*250 碳钢法兰 *DN*250	个 副	1809×1.00=1809 元 325.62×1.00=325.62 元 小计：2134.62 元
8—293	蝶阀 *DN*300 碳钢法兰 *DN*300	个 副	2257×1.00=2257 元 375.34×1.00=375.34 元 小计：2632.34 元
8—294	蝶阀 *DN*350 碳钢法兰 *DN*350	个 副	3027×1.00=3027 元 413.94×1.00=413.94 元 小计：3440.94 元
8—295	蝶阀 *DN*400 碳钢法兰 *DN*400	个 副	4039×1.00=4039 元 550.74×1.00=550.74 元 小计：4589.74 元
8—297	蝶阀 *DN*500 碳钢法兰 *DN*500	个 副	5465×1.00=5465 元 977.12×1.00=977.12 元 小计：6442.12 元
8—298	蝶阀 *DN*600 碳钢法兰 *DN*600	个 副	6867×1.00=6867 元 1733.60×1.00=1733.60 元 小计：8600.60 元
8—290	A 型对夹式蝶阀 *DN*150 碳钢法兰 *DN*150	个 副	510×1.00=510 元 163.98×1.00=163.98 元 小计：673.98 元
8—291	A 型对夹式蝶阀 *DN*200 碳钢法兰 *DN*200	个 副	1050×1.00=1050 元 209.56×1.00=209.56 元 小计：1259.56 元
8—289	法兰闸阀 *DN*100 碳钢法兰 *DN*100	个 副	214.91×1.00=214.91 元 113.66×1.00=113.66 元 小计：328.57 元
5—329	铸铁短管甲 *DN*100	件	35.05×1.00=35.05 元
5—329	铸铁短管乙 *DN*100	件	42.67×1.00=42.67 元
8—333 换	排气阀 *DN*16	个	97.22×1.00=97.22 元

续表

定额编号	主材名称	定额单位	主材费计算式
8—333	排气阀 *DN*20	个	97.22×1.00=97.22 元
8—333 换	排气阀 *DN*25	个	107.46×1.00=107.46 元
8—288	法兰闸阀 *DN*75 碳钢法兰 *DN*75	个 副	153.51×1.00=153.51 元 87.62×1.00=87.62 元 小计：241.13 元
5—28	承插铸铁管 *DN*75	10m	$\frac{100.91}{4}$×10.10=254.80 元
5—29	承插铸铁管 *DN*100	10m	$\frac{119.48}{4}$×10.10=301.69 元

后　记

本书在编写过程中，参考了大量的同行业图书及有关数据资料，最大限度使本手册中内容具有广泛性、权威性、实用性、操作性。由于参考量大而广，有些资料由于种种原因未与原作者取得联系，在此首先表示歉意和谢意，如有其他问题原书作者见本书后可与本书作者联系。